PLANTING DESIGN

정원의 식재디자인

정원디자이너 임춘화

도서출판 리원

정원 디자이너 임춘화

저자 임춘화 정원디자이너는 1964년 경북 예천에서 봄의 꽃으로 태어나 그 이름처럼 꽃들과 함께 일생을 보내고 있다. 6년 풀 스칼라쉽으로 국민대학교 법과대학과 동대학원에서 법학석사를 취득(1989)하였다. 그 후 영국 Leeds Metropolitan University와 RHS Harlow Carr Garden에서 개설한 Visual and Creative Studies- Garden Design Certificate(2004)과정 이수 후 한국에 돌아와 2005년부터 (유)아이디얼가든 정원디자인 스튜디오와 아카데미를 오픈하고 본격적으로 한국의 1세대 정원디자이너의 길을 열게 되었다. 2017년에는 한양대학교 도시대학원에서 도시경관 생태조경전공 석사를 취득(2017), 2018년부터 한양대학교 공과대학원에서 조경, 생태복원 전공 겸임교수로 강의하고 있으며, 순천만 국제정원박람회, 경기정원박람회, 서울정원박람회 등 유수의 박람회에서 수상 및 초청 작가로 활동하였다. 현재까지도 그녀의 정원디자인 회사 (유)아이디얼가든에서 정원디자인스쿨을 운영하며 초청 강의, 정원디자인 설계, 컨설팅 및 시공까지 다방면으로 활동하고 있다.

작가의 말

2018년 1월, 『Planting Design정원의 식재 디자인』의 초판을 발간한지 어느덧 3년이라는 시간이 지났습니다. 그간 삶의 현장은 여전히 치열하였고, 꽃은 사랑스러웠으며, 열매가 무르익는 만큼 흙을 만지는 손의 주름 역시 깊어졌습니다. 우리가 겪어본 적 없는 전세계적인 혼란 속에서도 순결한 대지는 계절을 따라 풍요롭게 피어났다가 지고는 했습니다.

3년이 지난 지금 다시금 펜을 잡은 연유는 첫째로는 지난 날의 부족함이 보였던 것이요, 둘째로는 우울한 시대 속에서도 흔들리지 않는 일말의 기쁨과 즐거움을 선물하고자 함입니다. 상실과 슬픔이 삶을 할퀴더라도 정원은 덤덤한 위안을 건넵니다. 한 구석에 핀 야생화 한 송이조차 어찌 그리 강한 의지를 가지고 거친 바람을 견디던지요. 정원을 통한 기쁨과 평안, 위로와 포용을 이 책을 읽어주시는 분들께서도 누리실 수 있기를 바라며 이 글을 씁니다.

한국의 정원디자이너 1세대로서 우리나라에서 정원 문화를 널리 알리고, 우리나라의 정원 디자인을 발전시키는데 있어 사명감과 책임감을 느끼고 있습니다. 우리나라의 정원디자이너가 집필한 우리나라 땅과 기후에 특화된 실용 중심 정원의 식재 디자인Planting Design 책이 필요하다고 느낀 것은 이미 2010년경부터였습니다. 이에 필자의 첫 저서 『행복한 놀이, 정원 디자인』을 통해 총론을 다루었고, 이후 정원 디자인 실용서로 『Planting Design정원의 식재 디자인』을 집필하였던 것입니다.

이 책은 철저한 실용서입니다. 정원과 식재 디자인에 대한 추상적 이론보다는 우리나라 땅에 적용 가능한 현장성에 중점을 두었습니다. 필자가 근 20년 간 몸 담은 수많은 강의와 시공 현장 경험을 녹여내려는 노력이 독자분들께도 전달되기를 바랍니다. 이 책을 통해 많은 이들이 정원이 주는 즐거움과 그 신세계를 경험하기를 바랍니다. 또한 정원 디자이너를 꿈꾸는 이들과, 정원을 사랑하는 이들이 무엇보다도 아름다운 꽃을 피워낼 수 있다면 더 이상 바랄 것이 없습니다.

2021년 겨울, 『Planting Design정원의 식재 디자인』의 개정판을 내기까지 결정부터 작업까지 크고 작은 시련과 큰 수고가 있었습니다. 필자의 곁을 지켜주었던 이들이 있었기에 가능했습니다. 이 글을 통해 감사의 마음을 전합니다. 그리고 그 중에서도 가장 영광을 받으실 하나님께도 감사의 기도를 드립니다.

2021.11. 겨울의 초입에서.

저자 정원디자이너 임춘화

목차

제 1장

제 1장 서론

1. 정원의 식재 디자인이 필요한 이유

식물은 정원에서 가장 까다로운 소재이면서 가장 중요한 주인공이다. 정원을 좋아하는 사람들 대부분이 식물에 대한 관심에서 출발한다. 정원 만들기의 시작은 좋아하는 식물을 심어 기르고 희귀한 식물들을 수집하는 것에서부터 시작한다.

체코의 국민작가인 카렐 차페크Karel Capek는 『초록숲 정원에서 온 편지』[1]란 책에서 정원을 사랑하는 이들에 대해 다음과 같이 저술한다.

> "식물을 직접 심는 과정에서 손톱 밑이나 긁힌 상처를 통해 흙이 우리 몸 속으로 들어와서 일종의 중독 증세나 염증을 일으킨다. 일단 이 독에 감염되면 이후부터는 걷잡을 수가 없다. 요컨대 그 순간부터 정원 가꾸는 일에 열을 올리는 원예광이 되고 마는 것이다. (중략) 원예사전에 수록된 A부터 Z까지 모든 식물을 자기 정원에 옮겨놓고 싶은 욕망에 사로잡힌다."

정원에 매력에 빠지기 시작한 이들은 카렐의 묘사처럼 수많은 식물을 수집하고 재배하는 기쁨에 빠지기 쉽다. 그러다 문득 자신의 정원이 혼돈에 빠져 있다는 걸 느끼는 순간이 온다. 그것은 바로 정원의 환경, 기능, 식물의 생태나 아름다움에 대한 깊은 사고를 하기 이전에, 좋아하는 것들을 무작위로 수집하였기 때문이다.

1 Karel Capek(2005), 『초록숲 정원에서 온 편지』, 다른세상

정원의 식재 디자인은 화가가 캔버스에 붓칠을 하듯 공간에 식물로 멋진 그림을 그리는 일이다. 정원도 멋진 예술품이 되려면 정원의 공간에 대한 이해와 식물 배치와 조합에 있어 충분한 고려가 필요하다. 영국 초화 정원의 유행을 이끈 정원디자이너 거트루드 지킬Gertrude Jekyll은 그의 저서 『정원의 식물과 색상』[2] 서문에서 일반적으로 정원 입문자들이 좋은 식물을 수집하는 것에 집착하고 정원의 빈 공간만 있으면 식물을 채워 넣고 싶어하는 것에 대해서 이렇게 충고한다.

> "좋은 식물을 모으는 것은 화가가 여러 가지 물감을 모아두는 것과 같고, (중략) 물감을 팔레트 위에 아무렇게나 펼쳐놓은 것과 같다. 그것만으로는 그림이 될 수 없다."

정원이 건축, 인테리어 등과 결정적으로 다른 이유는 소재의 차이다. 식물은 살아있다. 식물들이 대지에 생명을 불어 넣어야만 비로소 정원이 살아있는 유기체가 된다. 정원을 정원답게 만드는 것, 바로 자연이다. 따라서 정원은 계절에 따라 변화하며 시간의 흐름을 담아낼 수 밖에 없다. 각양각색의 식물들은 그 모양만큼이나 생육 습성이 다르고, 또 그렇기에 자신이 살아갈 수 있는 자리에서 각각 고유한 역할을 가지고 있다. 정원디자이너는 이들을 적재적소에 배치하여 사시사철 아름다운 정원을 연출하는 지휘자이다. 자연의 오케스트라를 위한 악보를 만들어야 하는데, 이를 식재 디자인이라 한다. 어떻게 선율을 작곡하느냐에 따라 상당히 그 결과물은 달라진다.

2 Gertrude Jekyll(1908), 『Colour in the Flower Garden』, Country Life

2. 정원의 식재 디자인이란?

그럼 정확히 식재 디자인은 무엇인가? 식재 디자인이란 공간에 식물을 적절히 조합하여 배치하는 기술이다. 화단 장식의 심미적 측면에서 가장 중요한 정원 디자인 기술이기도 하다. 인공물 없이 식재 활용만으로도 충분히 정원의 담장이 되는 생울타리를 만들 수도, 큰 교목으로 정원 공간의 수직·수평적 프레임을 만들 수도 있다. 이러한 기법들은 실제로 화단을 만들 때 가장 많이 활용된다. 식물 조합에 대한 필수 요소들과 기술들을 다양하게 다룰수록 아름다운 정원을 만들 수 있을 것이다.

식재 디자인의 주 목적은 식물 간의 가장 이상적인 조합을 찾는 것이다. 이웃하는 식물과의 조화, 화단 전체와의 조화, 개별 식물들의 개성, 그리고 그룹 식물들이 만들어내는 일정한 효과를 의도하고, 이러한 효과의 완성도 높은 연출을 위해 식물의 환경, 생태적 습성, 색色, 질감, 형形 등을 고려한 선택과 배치를 한다. 정원디자이너가 자신이 선호하는 스타일에 따라 개성을 드러내는 부분이 바로 식재 디자인이다.

3. 식재 디자인에 고려할 요소들

식재 디자인의 전반적인 과정을 살펴보자. 식물은 살아있는 소재이기에 환경과 여건, 디자인 요소에 따라 고려할 요소가 무수히 발생한다. 식물을 선택할 때 고려할 사항들, 선택한 후에는 적절한 수량을 심었는지, 식재한 식물을 어떻게 키우고 관리해야 하는지, 한 해의 순환이 끝나고 유지 가능한 식물인지 등을 확인해야 한다.

식재 디자인은 정원 디자인 공부 중에서 매우 난이도가 높은 편이지만 이 책을 따라 차근차근 계획을 세워보면 어느새 완성도 높은 정원을 구상할 수 있을 것이다. 제시된 질문 체크리스트 순서대로 다음 장부터 하나씩 살펴보도록 하자.

식재 디자인 체크리스트

- ☐ 정원의 식재 디자인 원칙은 무엇인가?
- ☐ 정원에 식재하는 식물은 어떤 것들이 있는가?
- ☐ 식물의 형태는 어떻게 활용할까?
- ☐ 정원의 환경에 맞는 식물을 선택했는가?
- ☐ 식물의 개화 시기는 어떻게 활용하였는가?
- ☐ 사계절 중 한 계절에 식재가 치우치지 않고 고르게 배치되었는가?
- ☐ 식물의 용도에 맞게 수종을 선택하였는가?
- ☐ 정원 스타일에 맞는 식재 디자인을 하였는가?
- ☐ 식물의 색상은 어떻게 활용할까?
- ☐ 식물의 질감은 어떻게 활용할까?
- ☐ 식재 디자인 도면은 어떻게 작성해야 할까?
- ☐ 식재 공사는 어떻게 진행할까?
- ☐ 식재한 식물들은 유지 가능한 수종들인가?
- ☐ 식재 후 관리는 어떻게 할까?

메모

제 2장

제 2장 식재 디자인의 기본 원칙

단순히 식물을 좋아하는 원예적인 취미에서 더 나아가, 완성도 높은 정원 디자인을 한다는 것은 무엇을, 어떻게 하는 것일까? 가장 교과서적인 답은 식물 수집에서 벗어나 식물들 간의 조합과 자신만의 스타일을 창조해내는 것이라 할 수 있다. 정원을 꾸미는 일은 집을 꾸미는 일과 다를 바 없다. 취향에 맞는 벽지의 색, 패턴을 고르고 가구와 바닥재를 들인다. 이를 위해서는 어떤 것들을 고려하고, 어떤 미적 기준으로 설계를 해야 하는가? 잘 만들어진 정원이란 어떤 기준으로 판단하는가?

디자인은 분명 한없이 자유롭고 창의적이지만, 그 자유의 밑거름이 되는 보편적인 미적 원칙이 반드시 존재한다. 이들은 다음과 같다.

식재 디자인의 기본 원칙

1. 통일성
2. 단순미
3. 조화와 대비
4. 균형
5. 강조
6. 규모와 비율

이 디자인 기본 원칙은 비단 정원 디자인뿐만 아니라 모든 시각 언어에 적용된다. 일견 당연한 듯해도 차근차근 짚어보도록 하자. 명심하자. 기본에 충실한 만큼 탄탄하면서도 신선한 디자인을 할 수 있는 법이다.

1. 통일성

통일성이란 디자인 요소들 간에 일치 또는 강한 연결성을 말한다. 정원의 식재 디자인에 적용을 해보자면 정원의 주제, 스타일, 무드 및 테마 등의 디자인 전반을 관통하는 하나의 일관된 정체성을 정원 디자인의 통일성이라 한다.

레드와 오렌지색의 강렬한 테마로 통일한 화분식재

디자인의 통일성을 확보하기 위해서 다음과 같은 작업 과정을 거친다. 가장 먼저 전체적인 정원 디자인의 컨셉을 한 가지 키워드로 좁혀나간다. 컨셉은 어떤 형용사가 될 수도, 특정 색상일 수도, 스타일이 될 수도 있다.

그 다음으로는 무드를 선정한다. 구상한 컨셉을 구현하는데 적합한 식재 수종을 선정한다. 예를 들어, 영국의 시골 풍의 자연스러운 코티지 정원처럼 꾸미고 싶다면 로맨틱한 분위기의 꽃이 만발하는 화단이 잘 어울릴 것이다. 화이트 가든을 만들고자 한다면 흰색과 실버, 그리고 이 두 가지 색상의 대비효과로 많이 사용되는 상록의 식물로 수종을 좁혀나간다.

셋째, 정원 부지의 환경과 정원주의 여건에 맞도록 식재 디자인을 조정해나간다. 예를 들어, 숲 속 작은 개울이 흐르는 습지에는 그늘에서도 식생이 강한 수종으로 고른다. 정원주가 정원 관리에 시간을 많이 투자하기 힘들다면 관리가 쉽고 모던한 느낌을 주는 그라스류 위주로 식재 디자인을 한다.

수직 원통기둥 형태의 상록수 식재가 통일감을 준다.

마지막으로 화단의 디테일에 대한 통일성을 부여한다. 구상에 몰두하다 보면 면적 대비 너무 많은 종류의 식물을 투입하는 실수를 종종 범하게 된다. 실험적인 디자인은 매우 즐겁지만, 좋은 재료가 훌륭한 요리가 되기 위해서는 어느 정도 절제가 필요하다. 식재 디자인의 통일성에 가장 효과적인 방법은 일정한 테마에 맞는 식물의 범위를 정한 뒤, 일정한 거리나 면적 단위로 부지를 패턴화하는 것이다. 예를 들면, 전체가 100m 길이의 화단이라면, 20m짜리 식재 계획 하나를 다섯 번 반복하여 채워 넣는다. 그 후에 포인트가 될만한 변형을 조금씩 늘려나가면 전체적인 흐름을 잃지 않으면서도 다채로운 리듬감을 만들 수가 있다.

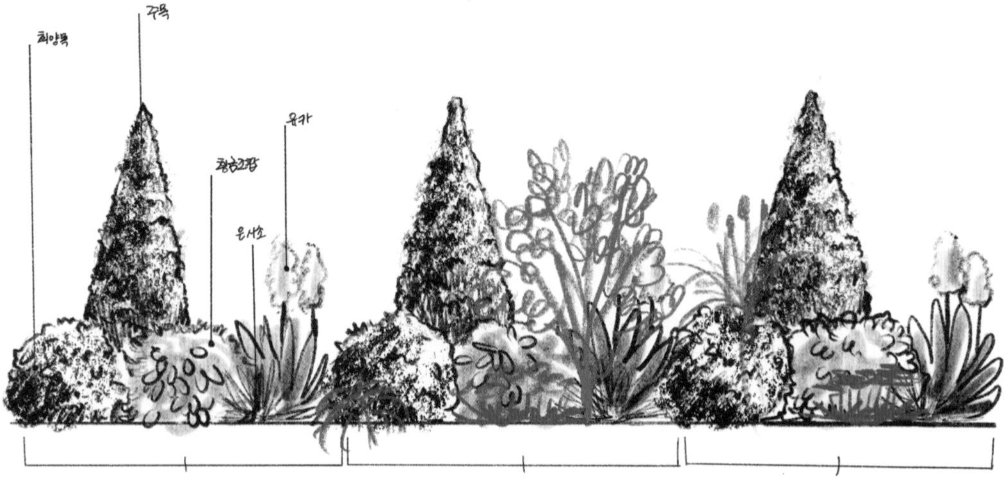

원뿔 기둥 형태의 상록수 식재는 자칫 어지러울 수 있는 화단에 통일감을 부여한다.

2. 단순미

Less is more. 디자인의 진리이다. 필자는 이 문장을 단순히 요소 간 여백을 늘리는 것이 아니라, 대상 본연의 매력이 드러나도록 과하지 않은 정도를 찾는 일이라고 해석한다. 즉, 정원의 식재가 혼돈 상태가 되지 않도록 막는 일이다. 어디까지나 다채로움과 혼잡은 디자이너의 실력 차이에 의한 전혀 다른 결과다.
식재 디자인은 탐나는 모든 식물을 즉흥적으로 정원 한 구석에 심는 행위가 아니다. 식재 디자인은 어디까지나 섬세하게 짜인 전문적 설계다. 즉, 단순미란 스타일과 주제를 효과적으로 구현하고자 최적의 수종을 최소한으로 선택한다는 개념이다.

고운 질감의 회양목을 사각형으로 만들어 미니멀하면서도 완성도 높은 시각 효과를 주었다.

3. 조화와 대비

조화와 대비는 자칫 지루할 수도 있는 통일성을 보완해주는 개념이다. 통일성과 조화의 개념을 혼동하는 경우가 많다. 간단히 이해하자면 통일성은 한 요소의 반복적인 사용을 통해 얻어지는 단일한 정체성이며, 조화는 서로 다른 요소 간의 유사성을 기준으로 판단하는 관계성이다. 즉, 두 가지 다른 성질에 의한 대비 효과는 조화의 일종인 것이다.

식재 디자인의 조화는 식물의 특성을 활용하여 자유롭게 생각해볼 수 있다. 질감이 유사하다거나 형태가 유사하다거나, 아주 일차원적으로는 색상이 유사한 수종들을 모아보는 것이다. 여기에 반대되는 성질을 대비시켜 즐거운 변주를 준다. 예를 들어, 각각의 식물이 강렬한 독특한 색상과 형태를 가지고 있더라도 질감이 유사하다면 혼란스러움을 줄이고 조화로워 보일 수 있다. 조화와 대비의 적당한 균형을 잡는 것은 디자이너의 상당한 노력과 예리한 미적 감각이 필요하다.

유사한 질감에 형태의 대비성을 활용한 식재 디자인을 예시로 들어보자. 회양목, 주목, 철쭉, 황금조팝을 조합한 화단이라고 상상해보자. 네 가지 식물 모두 고운 느낌으로 질감의 유사성이 매우 높다. 그러나 형태로 대비효과를 주면 지루한 느낌을 보완할 수 있다. 회양목을 둥근 모양으로, 주목은 피라미드형으로, 철쭉과 황금조팝은 자연스럽게 둥그스름한 모양으로 심는 것이다. 여기에 포인트로 은빛을 띠는 은사초와 선형의 유카를 중간중간 더한다.

유사한 컬러와 다양한 질감 대비

다양한 컬러와 유사한 질감 대비

잎이 크고 형태가 강한 소철과 선인장이 흰색의 미니 장미와 어우러져 강한 대비감을 느낄 수 있다.

흰색 무늬의 선형 억새와
활엽수인 산수국의 형태 대비가 확연하다.

4. 균형

균형은 디자인의 질서 속 미적 감각이다. 조화와 유사한 개념으로 혼동하기 쉬운데 이와도 역시 조금 다르다. 앞서 언급했듯 조화가 서로 다른 요소 간의 유사성을 기반으로 한 관계성이라면, 균형은 서로 다른 요소 간의 시각적 무게감을 기반으로 한 관계성이라고 할 수 있다. 더욱 쉽게 설명하자면 균형이란 모든 요소의 중요도와 위계질서를 말한다. 화단에 비해서 오브제가 너무 작거나 크지 않도록 바꾸거나, 정원의 한 구석에 커다란 나무들이 몰려있지 않도록 분배하는 등의 일들이다. 어느 한쪽 공간이 너무 크거나 비어 있어 휑하게 느껴지지 않도록 조정하는 것이다.

대칭적인 포멀 가든은 이 균형을 극대화하여 나름대로 법칙화한 디자인 양식이다. 게이트 양쪽에 같은 모양으로 장식화분이나 멋진 벤치를 배치하는 등의 방식으로 공간의 무게감을 동일하게 분배한다.

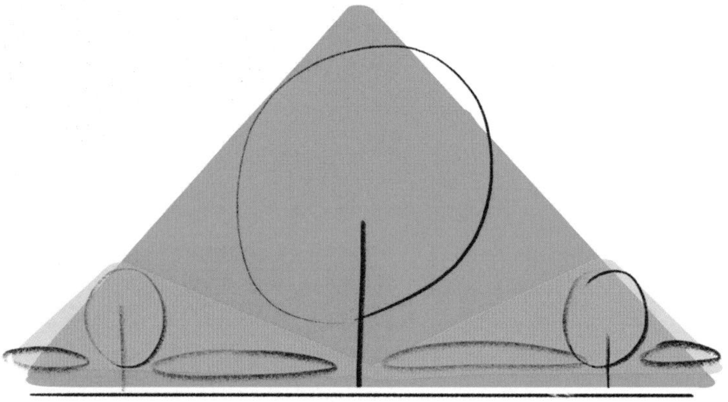

중앙에 시각적 중심을 두고 대칭을 통해 안정적인 균형감을 주었다.

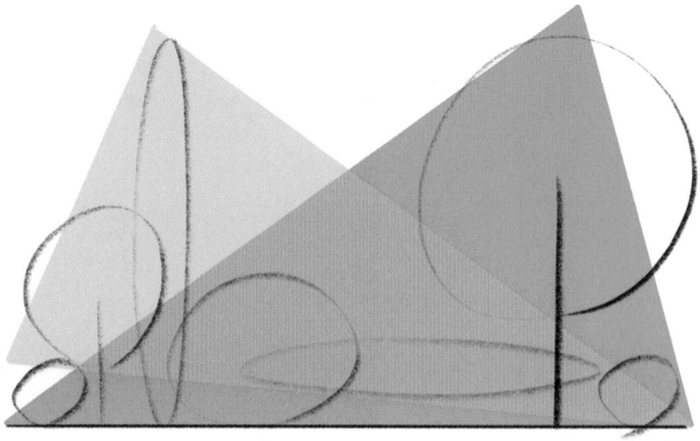

우측 큰 나무가 시각적 중심이 되기 때문에 반대편에 비교적 작지만 여러 요소를 배치하여 비슷한 시각적 밀도를 만들었다.

비대칭 디자인을 할 때는 단순한 사물의 크기보다 무게감, 높낮이 조정 등의 상당 부분 디자이너의 감각적인 면에 의존한 시각적 균형이 요구된다. 특히 비정형 스타일 가든에서는 이차원적 분할과 삼차원적 공간 계획을 함께 고려해야 하기 때문에 수많은 훈련과 경험이 필요하다.
공간의 채움과 비움은 실제 부피감과 더불어 시각적, 심리적 측면도 함께 작용한다. 디자인 시에 입체 공간과 열린 공간, 높이와 무게, 시각적 공간과 물질적 공간 등의 관계성을 고려한다. 예를 들어, 식재 공간, 빌딩, 구조물, 나무 등의 입체 공간과 테라스, 잔디, 자갈, 수공간, 파티오, 오솔길 등의 평면적이고 열린 공간을 어떻게, 얼마나 활용할 것인지를 정한다. 무릎 아래 높이, 눈높이, 머리 위 높이 각각에 위치하는 볼거리를 적절히 나누어 배치한다. 이때 머리 위 높이의 퍼골라, 정자, 아치와 같은 시설물은 너무 많으면 오히려 혼잡하기 때문에 정원의 보조 역할을 하는 정도로 조절한다.
식물은 살아있어서 시간이 지나며 성장하고 지속적으로 형태가 변하기 때문에 균형감 있게 계획하기가 어렵다. 더구나 식물에 대한 지식이 없다면 식재 디자인에 어려움을 겪을 수 밖에 없다. 당장 손에 들고 있는 작은 모종만을 보고 그 식물이 어느 정도 자란 상태의 모습을 상상하지 못해 몇 번의 계절이 지나고 나면 화단이 정글처럼 우거져 있다던가, 혹은 반대로 흙이 드러날 정도로 허전하다던가 하는 큰 실수를 범하고 만다. 이를 방지하기 위해 식재 디자인을 할 때 시각적 균형을 맞추는 용도로 디자인을 할 때는 화단의 입면 스케치를 한다. 디자인 프로세스의 전반에 걸쳐 화단의 전체적인 형태를 틈틈이 점검하자.

포멀가든에서 찾아볼 수 있는 대칭과 균형

5. 강조

강한 형태나 모양, 거친 질감 등의 독특한 식물은 그 자체만으로도 흥미를 유발하고 시선을 끈다. 이를 정원의 시각적 강조점으로 활용해보자. 강조점을 계획할 때 유의할 점은 첫째, 과하게 남발하지 말 것. 둘째, 식재 계획과 정원 조성 단계에서 가장 먼저 배치할 것이다.

정원의 규모와 레이아웃에 따라 시선잡기용 식물을 하나 또는 정원 내 여러 군데 배치하기도 한다. 단, 하나의 시선 프레임 안에는 하나의 포컬 포인트 식물만 보이도록 배치한다. 아무리 예뻐도 과도한 장식은 역으로 촌스럽고 번잡해 보이기 마련이다. 우리나라에서 선호하는 대표적인 시선끌기용 교목으로는 소나무, 공작단풍나무, 배롱나무 등이 있다.

풍성한 초원 스타일 화단과 잔디 여백의 대비에 더하여 큰 교목을 심어 공간의 웅장함을 주었다.

조금은 어지러운 활엽수와 관목 화단에 웅장하게 세운 주목 사각기둥은 시선을 잡아두는 역할은 한다.

6. 규모와 비율

당연하게도 정원의 크기를 고려하여 적절한 크기의 나무와 초화를 심어야 한다. 식물을 고를 때 부지 크기 외에도 건물의 높이, 식재 공간의 크기, 시설물이나 오브제가 있다면 그 크기 등을 고려하여 식물을 고른다. 언뜻 간단해 보이는 설명이지만 막상 외부 공간을 설계하려고 보면 인공 구조물이 없어 비교 대상을 정하기 어려운 경우도 많다. 이때는 주변 풍경과의 비율을 기준으로 삼는다. 이도 힘들다면 사람의 키-일반적으로 성인 남성 180cm, 성인 여성 160cm 기준-와 비교하여 기준점을 잡기도 한다.

식재의 규모와 비율은 정원 분위기에 지대한 영향을 미친다. 흥미로움을 자아내기 위해서 다양한 크기와 높이의 식물을 섞는다. 아담한 화단에 키 작은 식물로만 가득 꾸미면 정원이 더욱 작아 보일 것이고, 그렇다고 넓은 면적을 키 작은 식물로 덮어도 공간이 눌린 듯 납작하고 비어 보일 것이다.

정원에 설치하는 시설물은 무엇보다도 사람이 사용하기에 좋은 규모로 설치되어야 한다

정원의 크기에 따라 그 안에 활용하는 식물들의 크기도 비례하여 바뀌어야 한다.

정원에 설치하는 시설물은 무엇보다도 사람이 사용하기에 좋은 규모로 설치되어야 한다.

제 3장

제 3장 정원과 식물

1. 교목

교목喬木이란 보통 한 개의 뚜렷한 중심줄기가 있고 키가 2m이상 혹은 8m이상 높이 자라는 나무를 말한다. 관목灌木과 대응되는 개념으로, 주간主幹이 뚜렷하게 발달하는 나무를 말한다.[1]

교목은 정원을 만드는 가장 본질적인 요소 중 하나다. 잘 선택되어 건강하게 식재된 교목은 건축물보다도 수명이 길기 때문에, 시간을 따라 그 곳만의 역사성과 장소성을 띠게 되기 때문이다. 또한 차폐와 방풍의 역할도 하며 그늘을 제공한다. 교목은 그 자체로 부피감을 가져 입체적인 균형을 잡는데 아주 큰 역할을 한다. 교목을 선택할 때는 용도와 기능에 맞게 선택해야 한다. 예를 들어, 쉼터 주변에 그늘을 만들고자 한다면 안전을 위해 강도가 연약하여 강풍에 잘 부러지는 수종은 반드시 피하도록 하자.

교목은 낙엽이 지는 여부에 따라서 상록수, 활엽수로 나눈다. 크기에 따라서는 소교목小喬木, 아교목亞喬木, 교목喬木으로 분리된다. 잎의 모양을 기준으로는 침엽수, 활엽수로 나눈다.

침엽수는 목본의 겉씨식물로 일반적으로 침상針狀잎을 갖는 수목을 지칭한다.[2] 침엽수는 크기와 형태, 색상이 다양하고 상록수가 많아서 정원에 사용할 경우 강한 효과를 낼 수가 있다. 침엽수의 형태는 부정형, 피라미드형, 직립형, 지면에 붙어서 옆으로 자라는 형이 있어서 원하는 효과와 디자인에 따라 응용할 수 있는 경우의 수가 다양하다.

활엽수는 잎이 넓은 나무의 종류를 말하며 상록활엽수와 낙엽활엽수가 있다. 낙엽활엽 교목은 가을이나 겨울에 잎이 떨어졌다가 봄에 새잎이 나는 나무 가운데 납작하고 넓은 잎을 가진 나무를 통칭한다.

정원에 많이 사용하는 침엽수

☐ 소나무	☐ 주목	☐ 향나무류	☐ 실화백
☐ 금송	☐ 구상나무	☐ 화백류	☐ 측백류

메모

1 산림청 산림임업용어사전

2 산림청 산림임업용어사전

교목의 역사성은 정원의 스토리를 만들어내는 중요한 요소이다.

정원에 많이 사용하는 낙엽활엽수

- ☐ 벚나무
- ☐ 단풍나무
- ☐ 겹벚나무
- ☐ 배롱나무
- ☐ 노각나무
- ☐ 목련나무
- ☐ 이팝나무
- ☐ 산딸나무
- ☐ 때죽나무
- ☐ 자작나무
- ☐ 회화나무

메모

정원에 많이 사용하는 상록활엽수

- ☐ 동백나무
- ☐ 호랑가시나무
- ☐ 후박나무
- ☐ 굴거리나무
- ☐ 홍가시나무
- ☐ 태산목
- ☐ 녹나무
- ☐ 귤나무
- ☐ 하귤나무
- ☐ 레몬나무
- ☐ 회양목

메모

할아버지, 아버지, 아들, 손자가 기억하는 돌배나무의 기억과 역사

한국인이 좋아하는 교목의 첫 자리를 차지하기에 충분한 소나무

2. 관목

관목灌木은 교목喬木에 상대되는 용어로 줄기가 밑에서 여러 개로 갈라져서 자라며 교목에 비하여 수고樹高가 낮은 목본식물이다. 구분하는 기준이 학자에 따라 상이하지만 대개 나무 중에서 키가 2m 이하이며 지하부에서부터 시작되는 주된 줄기가 없이 많은 줄기를 가진 나무를 말한다. 관목으로는 개나리, 진달래, 댕강나무 등이 있다. 특히 줄기가 목질이기는 하지만 땅 위를 편평하게 기거나 눕는 상태로 자라는 것을 아관목亞灌木으로 구별하기도 하는데 월귤 등이 이에 속한다.[3]
정원에서 관목은 교목과 같은 기능을 위해 심기도 하지만 크기 면에서 교목보다 작다. 관목은 무리로 심기에 좋고 정원 공간을 나누는 프레임으로 활용된다. 관목은 머리 위 높이의 교목과 무릎 아래 높이의 지피식물地被植物을 연결해주는 역할을 하며, 키 큰 관목의 경우 생울타리 등의 차폐용 목적으로 사용하기도 한다.
관목은 이른 봄에 꽃이 피는 것이 많기 때문에 그 외 계절에는 색채감 없이 초록으로서의 부피감만 제공한다는 단점이 있다. 또한 관목은 해마다 크기가 자라기 때문에 원하는 크기로 잘라주는 수고가 들어간다. 그러나 초화가 마른 겨울에도 관목은 비교적 풍성하고 견고한 형태와 부피를 가지고 있기 때문에 시각적 볼거리가 된다. 따라서 겨울 정원을 고려하여 일정 부분 관목 식재를 할당하는 것이 좋다.

생울타리용 관목

- ☐ 사철나무
- ☐ 댕강나무
- ☐ 쥐똥나무

메모

정원 식재에 자주 활용하는 관목

- ☐ 장미
- ☐ 다양한 수국류
- ☐ 라일락
- ☐ 황매화
- ☐ 영산홍
- ☐ 진달래
- ☐ 해당화
- ☐ 무궁화
- ☐ 병꽃나무
- ☐ 말발도리
- ☐ 공조팝
- ☐ 조팝나무
- ☐ 황금조팝
- ☐ 삼색조팝
- ☐ 만병초
- ☐ 백당나무
- ☐ 불두화
- ☐ 고광나무
- ☐ 목단
- ☐ 병아리꽃나무
- ☐ 댕강나무

3 산림청 산림임업용어사전

교목과 어우러진 산수국이 화단을 풍성하게 만든다.

가장 흔히 사용되는 관목 중 하나인 철쭉류

분홍색 수국이 화단에 부피감

다.

송이가 커다란 목수국류는 여름 화단에 생기를 부여한다.

3. 덩굴식물

덩굴식물은 땅바닥으로 뻗거나 다른 것에 감겨 오르는 줄기를 지닌 식물을 일컫는다. 줄기 자체는 간단히 덩굴 또는 넝쿨이라고 부른다. 담장, 펜스, 퍼골라, 아치 등 수직적 구조물에 올려서 수직적인 볼거리를 만들 수 있다. 덩굴식물의 식재 계획은 구조물의 설치와 관련되기 때문에 정원의 초기 단계부터 계획해야 한다.

덩굴이 구조물이나 벽을 타고 올라가는 방법에는 여러 가지가 있다.[4] 덩굴식물을 식재할 때는 반드시 덩굴이 올라갈 보조 구조물을 활용하자. 그렇지 않다면 마구잡이로 교목이나 관목 초화에 타고 올라가서 식물이 엉키기 때문이다. 덩굴식물 중에서는 스스로 벽이나 구조물에 엉키는 종이 있는가 하면, 일일이 직접 대상물에 묶어줘야 하는 종이 있기에 특징을 잘 파악해야 한다. 특히, 벽이나 구조물을 망가뜨릴 수도 있는 식물인지를 살펴보고 신중히 식재를 계획하자.

덩굴식물은 무엇보다도 빨리 자라는 경향이 있어서 단정하게 다듬는 관리가 필요하다. 덩굴식물 중에서 월동이 어려운 것들도 있어서 정원의 기후에 맞는 식물을 골라야 한다. 예를 들어, 다양한 클레마티스 중에 해외로부터 도입된 원예종은 대부분 한국에서 월동을 나기가 힘들다. 그러나 우리나라 자생종 큰꽃으아리, 종덩굴 등은 한국의 겨울에서도 살아남을 수 있다. 비교적 따뜻한 기후의 남부 지역이라면 줄사철, 마삭줄, 백화등, 송악, 바위수국, 덩굴수국 등 상록성의 덩굴식물도 식재 가능하다.

덩굴장미가 어우러진 아치는 많은 이들이 꿈꾸는 정원 설치물 중 하나이다.

4 두산백과사전

담장 위에 쏟아지게 피어있는 부겐빌레아가 화려하다.

덩굴식물의 종류

☐ 막뿌리가 있는 덩굴식물

: 덩굴수국, 능소화

* 참고: 벽이나 표면을 상하게 할 수 있다.

☐ 줄기가 엉키는 덩굴식물

: 등나무, 나팔꽃, 인동초, 으름덩굴

☐ 빨판이 있는 덩굴식물

: 미국담쟁이, 아이비

☐ 잎자루가 엉키는 덩굴식물

: 클레마티스, 큰꽃으아리

☐ 덩굴손이 있는 덩굴식물

: 스위트피, 포도 속의 식물

* 참고: 벽이나 표면을 상하게 할 수 있다.

☐ 가시가 있는 덩굴식물

: 덩굴장미

* 참고: 스스로 엉킬 수 없어서 수작업으로 묶어줘야 한다.

봄에 피는 덩굴장미와 여름에 피는 능소화를 함께 심은 담장이다. 서로 다른 시기에 번갈아 피어난다.

작은 꽃들이 무리 지어 별처럼 피는 참으아리가 사랑스럽다.

흰색의 아치 터널 따라 핀 분홍색 장미가 로맨틱한 분위기를 연출한다.

덩굴식물뿐만 아니라 잘 다듬은 교목인 무화과를 담장에 올린 정원

상록활엽수를 벽에 고정하여 장식한 정원

화분에 식재한 백화등을 장식한 펜스

4. 다년생 초본

다년생 초본은 만 1년보다 긴 기간 살아가는 식물을 말한다. 식물의 지상부가 겨울 또는 건조기에 고사枯死할지라도 지하부는 살아 남아서 봄 또는 우기雨期에 지상기관地上器官을 내는 숙근초가 있고, 땅속줄기地下莖를 전혀 가지고 있지 않아도 잎이 겨울에도 생육하는 상록초본常綠草本이 있다. 숙근초에는 알뿌리球根나 감자 모양으로 겨울 또는 건조기를 넘기는 것이 많다.[5]

다년초는 화단에 가장 많이 사용하는 식물군이다. 4월 말 경에 조성된 다년초 화단은 5월이면 꽃이 가득한 정원이 된다. 다년초 화단은 한여름에 절정을 이루고 이른 봄부터 늦가을까지 지속적으로 피어난다. 특히 한동안 자연주의 스타일이 유행하면서 정원 디자인에서도 자연적인 초원의 느낌을 연출할 만한 야생초화 식물들이 인기를 끌고 있다. 환경 문제와 관련해서도 물이 많이 필요하지 않은 초화도 많은 관심을 끌고 있다. 관목과 함께 화단을 만든 혼합식재 화단, 다년초만 식재하는 다년초 화단, 그라스와 함께 식재하여 관리를 최소화한 자연주의 화단 등으로 응용할 수 있는 방법이 무궁무진하다.

다년초 화단의 장점은 조성 후 매우 빠르게 성숙한 정원이 된다는 것이다. 또한 관목보다 더 유지 관리가 쉽다. 해마다 해야 하는 전지 작업도 할 필요가 없기 때문이다. 다만 유지 가능한 다년초 화단을 설계하려면 그만큼 세심한 식재 계획이 매우 중요하다. 다년초에 대한 생태, 습성, 형태, 키, 질감에 대한 풍부한 지식이 뒷받침되어야만 한다.

5 두산백과사전

강렬한 노랑색의 루드베키아가 가을 정원을 장식하고 있다.

메리골드는 어디에서나 강한 색상의 주제를 돋보이는 역할을 한다.

무늬가 있는 잎의 제라늄으로 장식한 카페테라스

일년생 초본
☐ 채송화
☐ 해바라기
☐ 백일홍
☐ 맨드라미
☐ 코스모스
☐ 나팔꽃
☐ 봉선화
☐ 메리골드
☐ 아게라툼
☐ 한련화
☐ 분꽃
☐ 금어초
☐ 캘리포니아포피
☐ 꽃양귀비
☐ 끈끈이대나물
☐ 과꽃
☐ 스위트피
메모

5. 일년생 초본

일년생 초본은 일년 중에 발아-생장-개화-결실을 끝내고 종자를 남기고 죽는 식물이다. 여름 일년초는 봄 또는 초여름에 발아하며 같은 해 가을까지 성숙한다. 겨울 일년초는 가을에 발아하고 다음 해 봄, 또는 여름에 성숙한다. 한해살이풀, 당년초, 일년생 초본, 일년초 등으로도 칭한다.[6] 그러나 우리나라에서는 간혹 기후적인 문제로 겨울을 나지 못하는 식물도 있다.

정원에 사용하는 일년초는 화기花期가 길고 색상이 화려하다. 여름철 화려한 임시 화단을 만들 때 많이 사용하며 다년초 화단이나 혼합 화단에서는 일시적으로 빈 곳을 채워 넣을 때 사용한다. 또한 박람회나 이벤트에서 눈길을 끌 화려한 포인트로는 일년 화단이 가장 적합하다. 행잉바스켓이나 화분 식재에도 많이 활용한다.

6 두산백과사전

엔젤로니아와 제라늄이 관목과 다년초가 있는 화단에 지속적인 색감을 부여하고 있다.

자주잎의 식물과 강한 색상의 일년초가 어우러져 시선을 끈다.

은색과 자주색의 식물이 강한 대비감을 보인다.

제라늄은 화사해서 겨울철 온실 내 식재 식물로 좋다.

제라늄, 후크시아, 로벨리아가 한껏 풍성하게 연출된 행잉바스켓

일년초로 화려하게 장식한 화분은 어디에나 어울린다.

둥근 회양목 주위로 심은 일년초가 화사하다.

6. 그라스류

그라스류는 현대 정원에서 자연주의 화단의 인기와 더불어 각광받고 있다. 정원 용어에서 '그라스'는 그라스, 사초과莎草科 식물, 그라스를 닮은 식물, 그리고 대나무까지 포함한 개념이다. 이는 엄밀히 따지자면 잘못된 것이지만, 많은 가드너와 정원디자이너가 말하는 좁고 긴 끈과 같은 선형 식물로서의 시각적 특성을 표현하는 의미에서 그라스라는 단어를 사용하는 것이다.[7] 이러한 맥락에서 정원 식재 요소의 '그라스'는 정확히는 '장식용 그라스류'라고 이해하는 편이 옳을 것이다.

그라스는 너무나도 다양한 매력을 가지고 있다. 대부분의 그라스류는 고운 질감과 부드럽고 둥근 형태를 띤다. 일부 직립형도 존재한다. 그라스류의 꽃은 새의 날개처럼 하늘거려서 다년초 사이에서 살랑이는 초원과도 같은 분위기를 경쾌하게 연출해준다. 그라스류는 정원 식재 디자인의 감초와도 같은 역할로, 어떤 조합으로 활용하느냐에 따라 그 매력이 팔색조와도 같다. 따라서 그라스류는 그 장점과 형태 및 관리 등을 보다 자세하게 들여다보도록 하겠다.

그라스의 장점

그라스의 가장 큰 장점은 바로 시각적 유연성이다. 단독으로도 매력적인 조형미를 뽐내고, 혼합식재로도 훌륭한 파트너가 된다 그라스로 만들어낼 수 있는 화단 조합은 무궁무진하다. 그라스의 독특한 선형과 고운 질감은 어떤 식물과도 잘 어울린다. 관목과도 이질감 없이 잘 어울리며 교목 아래 식재하면 넓은 초원과도 같은 느낌이 난다. 많은 이들이 그라스를 지극히 야생적이고 자연주의적 식재라고 생각하지만, 사실 그라스는 단일 식재하였을 경우 한없이 모던한 느낌의 반전 매력도 가지고 있다.

그라스는 어떤 정원 스타일이나 식물과도 합이 좋은 편이지만, 개인적인 경험에 비추어 정원의 규모에 따라 다음과 같이 그라스류를 활용해보는 것을 추천한다.

작은 공간에서는 은사초, 갈사초, 무늬염주그라스, 황금큰물사초, 무늬모로위사초, 페니세텀, 풍지초, 수크령 '하멜른'이 잘 어울린다.

중간 크기 화단에서는 억새모닝라이트, 무늬참억새, 수크령, 멕시칸훼더그라스, 참억새 '딕시랜드'가 적합하다.

넓은 공간에서는 웅장한 표현을 위해 공간이 허락되는 대로 높이와 구조를 더하기 좋은 키가 큰 팜파스그라스, 키큰무늬갈대, 참억새 '펑크첸', 스티파기간티움 등이 어울린다.

---

7 Tony Lord(2012), RHS Encyclopedia of Planting Combinations, Mitchell Beazley

흰무늬그라스와 흰색의 튤립이 잘 어울린다.

키가 큰 투시형 그라스와 중간 키의 억새가 다년초 화단을 개성있게 만들어준다.

그라스의 또 다른 매력은 바로 질감에 의한 시각적 깊이다. 그라스는 다른 유형의 식물이 쉽게 달성할 수 없는 운동감과 빛의 깊이감을 더해준다. 특히나 바람에 흔들리는 그라스는 시각적으로도 청각적으로도 정원에서 환상적인 오감 체험을 준다.

또한 그라스류는 다른 식물과의 시각적 연결성이 뛰어나다. 그라스 특유의 질감이 다른 식물들과의 완충 역할을 해주기 때문이다. 예를 들면, 가을 화단을 계획하며 아스타, 구절초, 쑥부쟁이 등 질감이 고운 식물들 위주로 이웃하여 식재한다면 자칫 지루할 수가 있다. 이때 일정한 간격으로 억새를 식재하면 질감의 대비효과를 주어 충분한 시각적 리듬을 만들어 낼 수 있는 것이다. 반대로 지나치게 강한 질감의 식물들만 모여 있을 경우에도 그라스류를 더해보자. 칸나, 관중, 토란 등 잎이 강한 식물들 사이에 포실거리는 파니쿰 '헤비메탈'이나 흰무늬억새를 더하면 화단이 한결 차분해질 것이다.

비슷한 맥락으로 그라스는 리듬감 연출에 아주 효과적이다. 다른 식물들 사이에서도 그라스류는 질감과 형태, 색상의 개성이 뚜렷하게 보인다. 이 점을 활용하여 특정 품종의 그라스를 일정한 간격으로 반복하여 식재하거나 패턴화 한다면 시각적 리듬이 자연스럽게 형성된다.

잎이 대나무처럼 크고 흰색 줄무늬가 있는 키큰무늬갈대는 강한 존재감을 뽐낸다.

고운 질감의 가을꽃들 사이에 흰무늬억새를 심으면 화단이 정돈되어 보인다.

자연주의 화단에서 그라스는 꽃이 피는 다년초보다 더 화려한 주인공이 된다.

노랑풍지초를 일정 간격으로 식재하여 리듬감을 준 화단이다.

분수형의 그라스가 정원에 리듬감을 만들어낸다.

한 종류로 식재한 그라스 정원은 간결하고 깊이감이 있어 모던한 느낌을 준다.

키가 크고 꽃이 커다란 팜파스그라스가 웅장하다.

그라스의 형태

정원에 심는 장식용 그라스류는 모두 부드럽고 하늘하늘한 질감을 가지고 있다. 초보자들에게는 정확한 구분이 어려울 수도 있으나 정원 디자인에서는 그라스를 주로 다음과 같은 유형으로 나눈다.

그라스의 분류

식물학적 분류	형태적 분류
☐ 억새류	☐ 분수처럼 생긴 수크령류 : 수크령, 스티파기간티움, 엔젤스피싱로드
☐ 대사초류	☐ 수직형 : 참억새, 억새모닝라이트, 억새그린라이트, 파니쿰노스윈드
☐ 수염풀류	☐ 둥근돔 : 수크령, 미니수크령, 은사초, 갈사초, 김의털
☐ 김의털속류	

메모

그라스의 화분 식재

그라스류는 화분으로도 멋스럽게 연출할 수 있다. 모던한 분위기를 원한다면 화분에 그라스를 단일 식재하는 것을 권한다. 화분에 다른 교목이나 관목과 초화와 혼식하면 그 나름대로의 즐거움을 누릴 수 있을 것이다.

그라스의 유지 관리

그라스류는 대체로 유지 관리가 매우 쉽다. 식재한 첫해는 활착하도록 세심한 관수가 필요하나, 그 다음 해부터는 비교적 가뭄에도 잘 견디므로 물 관리도 어렵지 않다. 낙엽이 지는 그라스류는 이른 봄에 새싹이 나기 전 묵은 잎을 지면에서 10cm 정도 높이에서 깔끔하게 정리해주면 된다. 우리나라에서는 기후적 여건상 활엽성의 그라스가 많이 사용되지만, 만약 상록성 그라스류를 식재하였다면 이른 봄에 새싹이 잘 나오도록 묵은 잎을 빗질하듯 간단히 정리해주면 된다.

남천과 함께 식재한 석창포가 고급스럽다.

헤더와 능수형 카렉스그라스를 식재하여 독특한 형태감을 연출한다.

7. 구근

구상球狀 또는 괴상塊狀으로 된 줄기 및 뿌리의 총칭으로 구근球根이라고도 한다. 잎·줄기·뿌리 등이 양분을 저장하기 위하여 특별히 비대되어, 마치 뿌리부의 조직처럼 보이는 형태로 발달된 뿌리의 한 기관이다. 알뿌리는 비늘줄기, 알줄기, 덩이줄기, 뿌리줄기, 덩이뿌리로 나눌 수 있다.[8]

알뿌리의 종류

☐ 비늘줄기鱗莖

잎의 기부가 변형 비대하여 충상의 비늘조각을 이루어 짧은 땅속줄기에 붙어 있는 것

: 백합, 튤립, 수선화, 아마릴리스

☐ 알줄기球莖

땅속줄기가 비대하여 구상이 된 것

: 글라디올러스, 프리지아

☐ 덩이줄기塊莖

땅속줄기가 비대하여 괴상이 된 것

: 시클라멘, 구근베고니아, 아네모네

☐ 뿌리줄기根莖

땅 속을 수평으로 뻗어 있는 땅속줄기가 비대한 것

: 홍초, 진저, 아이리스

☐ 덩이뿌리塊根

뿌리의 일부가 비대된 것

: 다알리아, 작약

구근은 이른 봄을 열어주며 화려하게 피어나는 중요한 볼거리 중 하나다. 다년초 화단 곳곳에 심거나 큰 교목 아래, 포멀 가든, 아일랜드 화단 등 어디에든 어울린다. 구근은 보관이 까다로운 편이기 때문에 구매 후 바로 심는 것이 좋다. 가능한 볕이 잘 들고 배수가 잘 되는 곳을 골라 심는다. 조금만 습기가 차도 금방 곰팡이가 나서 상해버리기 때문이다.

구근 식재 할 때의 포인트는 자연스럽게 자라난 것처럼 흩어지게 심는 것이다. 줄지어 심기를 하면 개화 시 상당히 인위적이고 어색해 보이기 쉽다. 예를 들어, 수선화는 언덕 주변에 흩어 심으면 매우 자연스러운 꽃밭이 된다.

8 두산백과사전

봄을 앞당기는 구근은 정원의 필수품이다.

화이트 가든에 피어난 흰색 튤립이 싱그럽다.

여름 화단의 클라이막스를 책임지는 다알리아

잎의 색이 다양한 다알리아는 여름 정원의 필수품이다.

작은 구근은 알뿌리 크기의 4배, 큰 구근은 3배 깊이로 묻어주는 것이 적당하다. 식재할 때 소량의 거름을 함께 더해주는 것도 좋다. 식재 작업 직후에 물을 듬뿍 주고, 가을과 겨울에는 물을 별도로 주지 않아도 된다. 오히려 습기가 많으면 구근이 쉽게 썩기 때문에 유의하자. 우리나라의 경우 추운 지방은 짚이나 바크로 덮어 주는 것이 좋다. 피었다 진 꽃은 바로 따주고 잎은 누렇게 될 때까지 기다렸다가 자른다. 이때 퇴비나 비료를 주면 구근이 여물고 커지는데 도움이 된다.

계절에 따라 추식구근秋植球根과 춘식구근春植球根으로 나뉜다.

봄에 꽃이 피는 구근은 그 전 해 가을에 심어두는 추식구근이다. 대표적인 예시인 튤립은 그 후 6월 장마가 오기 전에 캐두었다가 가을에 다시 심으면 좋다. 반면 무스카리는 비교적 캐지 않아도 잘 번식하여 꽃이 피는 편이며, 수선화는 배수가 잘 되는 곳이라면 땅 속에 그대로 두어도 좋다. 다만 습기가 많다면 역시 안전하게 캐두었다가 가을에 다시 식재하는 것을 권장한다.

반면 봄에 심어 여름이나 가을에 꽃을 즐기는 것은 춘식구근이라 한다. 대부분 월동이 어렵다. 다알리아, 칸나, 글라디올러스 등은 추위에 약해서 반드시 가을에 캐두었다가 봄에 다시 식재한다.

구근별 파종시기

☐ 추식구근秋植球根

가을에 식재하는 구근으로 봄에 핀다.

: 튤립, 수선화, 크로커스, 알리움, 블루벨, 히아신스, 스노우드롭

☐ 춘식구근春植球根

봄에 식재하는 구근으로 여름이나 가을에 핀다.

: 글라디올러스, 백합, 칸나, 다알리아, 콜치쿰, 시클라멘

메모

8. 양치류

햇살이 있으면 그늘이 있는 법. 정원이라 하면 햇살이 드리워진 화려한 화단을 연상하기 쉽지만, 가든 디자인의 색다른 즐거움은 정원의 그늘진 공간에 있다. 정원 구석구석을 어떻게 꾸밀 수 있을 지 살펴보도록 하자.

그늘 식물 중에서도 양치류는 독특한 질감, 잎이 큼직한 형태 등으로 단연 돋보이는 식재 요소다. 다른 그늘 식물과 다양하게 조합할 수 있다. 레이스 같은 질감, 세밀한 패턴의 잎, 러플이 있는 것, 혓바닥 모양으로 된 것 등 아주 강렬한 모양과 질감이 두드러진다. 예를 들어, 소철은 작은 정원에서 독보적인 포인트가 되기도 하며 화분에 심어도 조형적인 오브제처럼 멋들어지게 연출할 수 있다. 양치류를 식재할 때 고려할 몇 가지 사항들은 다음과 같다.

체크리스트

- ☐ 그늘과 습기의 정도 체크
  일반적으로 양치류는 그늘지고 습기가 많은 석회질 토양에서 잘 자란다. 교목이 우거진 곳 등이 좋다. 그러나 양치류 중에서도 건조한 곳에서 잘 견디거나 산성 토양에서 자라는 종류가 있기 때문에 정원 환경에 적합한 양치류로 신중히 선정하는 것이 좋겠다.
- ☐ 월동 여부 체크
  양치류는 굉장히 다양한 종이 있으며 월동 여부도 각양각색이다. 정원 부지의 기후를 체크해보자.
- ☐ 상록인지 활엽인지 체크
- ☐ 질감, 형태, 키 체크

양치류

- ☐ 청나래고사리
- ☐ 관중貫衆
- ☐ 넉줄고사리
- ☐ 솔잎란
- ☐ 공작고사리
- ☐ 낚시고사리
- ☐ 고비
- ☐ 개고사리
- ☐ 뱀고사리
- ☐ 소철

메모

그늘 정원에서 빼놓을 수 없는 양치류 식물

양치류 식물은 지역마다 월동 여부를 체크한 후 심어야 한다.

단정한 동양 정원에도 양치류의 독특한 질감이 잘 어울린다.

9. 허브와 채소

키친 가든의 기본은 채소를 종류별로 줄지어 심는 것이지만 보다 복합적인 식재 디자인을 적용하면 허브와 채소만으로도 충분히 다년초 화단과 같은 느낌까지 연출할 수가 있다.

허브류는 월동이 되는 종류가 많아 다년초 화단에 사용하기도 한다. 배초향, 두메부추, 타임, 민트, 잉글리쉬라벤더 등이 있다. 이외에도 휀넬은 하늘하늘한 질감, 독특한 향기, 레이스 모양의 꽃을 가진 장식적인 면이 있어서 화단에 혼식하는 단골 허브이다. 아티초크는 은색의 잎과 열매덕에 하이라이트로 곳곳에 심기에 좋다.

채소는 겨울을 날 수 없는 것이 많다. 따라서 일년초와 비슷한 활용법으로 접근하면 된다. 채소는 잎의 색이나 질감이 아름다운 것이 많아 정원의 일시적 장식으로 아주 유용하지만 수확 후 남은 자리가 크고 단정치 못하다는 게 큰 단점이다.

키친가든에 인기 많은 허브

- ☐ 배초향
- ☐ 두메부추
- ☐ 타임
- ☐ 민트
- ☐ 잉글리쉬라벤더
- ☐ 휀넬
- ☐ 아티초크

메모

키친가든에 인기 많은 채소

- ☐ 적상추
- ☐ 적근대
- ☐ 비트
- ☐ 자색잎 비트루트
- ☐ 겨자채
- ☐ 치커리
- ☐ 자색 바질
- ☐ 스위트피
- ☐ 그린빈
- ☐ 자주색빈
- ☐ 완두콩

메모

대중적으로 가장 많이 사랑받는 허브 중 하나인 라벤더

제 4장

제 4장 식물의 형태

1. 나무와 관목의 형태

형形, 색色, 양감量感, 질감質感 등의 기본적인 시각 요소 중 사물의 형태는 가장 일차원적으로 인지하는 요소이다. 식재 디자인에도 이러한 디자인의 기본 법칙이 적용된다. 동일한 공간 설계라도 선택된 나무와 초화에 따라 입체감은 전혀 달라질 수 있다. 예를 들어, 수직형은 강한 느낌을 주려고 할 때나, 높이감을 주기 위해 사용한다. 능수형은 부드러운 선을 가미할 때 활용한다. 둥근형은 식물을 모아심기할 때 잘 어울린다. 다양한 크기의 둥근 식물을 모아 심으면 부드럽고 포근해 보인다.
모든 생물은 인위적인 개입이 없는 자연 상태에서 각기 독특한 고유의 성질이 드러나도록 형상을 갖춘다. 우리가 말하는 온전한 식물의 형태라 함은, 잎이 피어 있는 모습을 기준으로 식물의 전체적인 형形을 의미한다. 자연 상태의 생태적 습성대로 자란 식물의 형태는 둥근형, 타원형, 직립형, 원추형, 피라미드형, 능수형, 수평형, 비정형, 부채형이 있으며 그 외에 특정한 정원 디자인에 맞춰 인공적인 형태로 나무를 다듬기도 한다.
식재 디자인에는 개별 식물의 형태도 물론 중요하지만, 그보다도 중요한 것은 화단 전반의 전체적인 식재 형태다. 식재 디자인의 목적 자체가 식물 배합을 통해 하나의 두드러진 형태를 구현해내는 것이므로 식물의 특성을 정확히 파악하고 전체의 균형을 잡아가는 것을 잊지 말도록 하자.

이 단원에서는 정원의 식재 디자인에 적용되기 위한 아주 기초적인 식물의 형태에 따른 주요분류를 살펴보도록 하겠다.

나무와 관목의 형태

- ☐ 둥근형과 타원형 나무
- ☐ 직립형 나무
- ☐ 원추형과 피라미드형 나무
- ☐ 능수형 나무
- ☐ 수평형 나무
- ☐ 비정형 나무
- ☐ 인공형 나무
- ☐ 부채형 나무

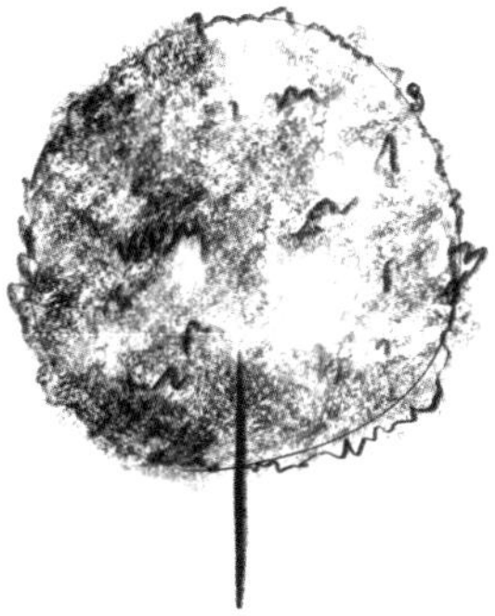

둥근형과 타원형

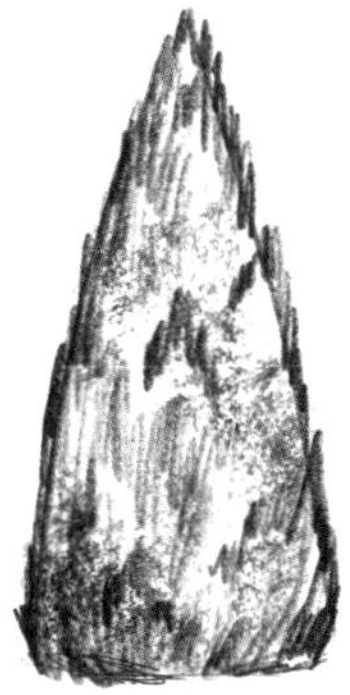

직립형

원추형

피라미드형

능수형

비정형

둥근형과 타원형 나무

- [ ] 벚나무
- [ ] 단풍나무
- [ ] 수국
- [ ] 라일락
- [ ] 주목
- [ ] 회양목
- [ ] 셀릭스
- [ ] 향나무
- [ ] 꽝꽝나무
- [ ] 장미
- [ ] 월계수
- [ ] 쥐똥나무

메모

둥근형과 타원형 나무

일반적으로 우리가 떠올리는 나무의 형태는 둥근형 혹은 타원형에 속한다. 느슨하고 둥글게 풍성한 잎이 난 나무를 생각해보면 된다. 벚나무, 단풍나무, 수국, 라일락과 같은 교목이나 관목이 있다. 주목이나 회양목, 셀릭스 등 인공적으로 둥글게 다듬어 사용하는 나무들도 있다. 다만 자연적으로 둥글게 자라는 나무에 비해 인공적으로 둥글게 다듬은 나무는 비교적 딱딱해 보인다.

전형적인 형태의 관목은 부드러운 그라스류 등의 대비를 주면 시선을 끄는 기능을 한다.[1] 둥근형 관목은 파티오의 경계나 산책로 끝에 두면 공간의 완성도를 올려준다. 겨울이 긴 우리나라에서는 삭막한 겨울철 정원의 톡톡한 볼거리가 된다.

이외에도 둥글거나 삼각형 등 일정한 형태로 만들기에 좋은 수종으로 고운 질감을 가진 주목, 향나무, 꽝꽝나무가 있다. 장미, 셀릭스, 월계수, 쥐똥나무는 부케 모양으로 만들어 다년초 화단이나 포멀 가든의 중앙에 장식으로 심기 좋다.

1 Hilary Thomas(2008), 『The Complete Planting Design Course: Plans and Styles for Every Garden』, Mitchell Beazley

키 큰 수직형 교목은 드라마틱한 시선의 프레임을 만든다.

직립형 나무

자연적으로 일직선으로 곧게 뻗은 직립형 나무는 그리 많지 않다. 직립형, 혹은 수직형 나무는 매우 강한 존재감을 가지고 있어 시선을 끌 포인트 요소로 좋다. 하지만 그만큼 배치를 조금이라도 어설프게 하면 시각적으로 아주 거슬리게 된다. 따라서 직립형 나무를 활용하려면 날카로운 디자인 감각과 까다로운 식재 계획이 필요하다. 직립형 나무를 여러 그루 모아 심으면 덜 드라마틱하고 보다 안정적으로 보일 수 있다. 산책로 양쪽이나 원하는 전망 프레임을 만드는데 활용해보자.
이탈리안 사이프러스, 측백류, 주목, 구상나무를 직립형으로 다듬어 사용하기도 하는데, 열을 지어 식재하면 울타리로도 상당히 유용하다. 강한 벽과 같은 느낌을 준다.[2]

직립형 나무

- ☐ 이탈리안 사이프러스
- ☐ 향나무 '스카이로켓'
- ☐ 측백 '블루엔젤'
- ☐ 측백 '에메랄드그린'
- ☐ 직립형 복숭아 나무
- ☐ 직립형 느티나무
- ☐ 구상나무

키 큰 수직형 상록수를 무리 지어 심을 경우 공간의 위요감을 형성한다

2 Hilary Thomas(2008), 『The Complete Planting Design Course: Plans and Styles for Every Garden』, Mitchell Beazley

원추형의 주목을 행렬로 식재하여 주제를 표현한 정원

원추형과 피라미드형 나무

주목처럼 질감이 고운 상록수를 원뿔로 다듬어 식재한 것은 정원에서 흔하게 보았을 것이다. 그러나 원추형과 피라미드형은 자연에서는 매우 드물다. 어린 교목과 침엽수가 이러한 형태를 띠기도 한다. 뾰족한 원추형과 피라미드는 매우 강한 인상을 주기 때문에 다른 식물 사이사이에 포인트로 심는다.

원추형과 피라미드형 나무

- ☐ 코니카가문비
- ☐ 주목
- ☐ 황금측백
- ☐ 금송

메모

원추형의 주목을 행렬로 식재하여 주제를 표현한 정원

능수형 나무

능수형 나무는 독특한 형태와 질감으로 독보적인 매력을 가지고 있다. 늘어지는 나무는 중심줄기로부터 모든 가지들이 파생되어 아래로 축 늘어진다. 부드럽게 흘러내리는 듯한 곡선은 평온하고 고요한 분위기를 연출하는 데 좋다. 다만 시선의 흐름이 위에서부터 아래로 떨어지기 때문에 가지가 너무 많으면 무거워 보일 수도 있다. 따라서 물과 같이 유기적이면서도 가볍고 활기 있는 물성을 함께 쓰면 보다 경쾌한 정원이 될 것이다. 능수형 나무를 식재할 때는 수형의 실루엣이 가려지지 않도록 하부 식재를 간결하게 하는 것이 좋다.

능수형 나무

- [ ] 공작단풍
- [ ] 능수형 버드나무
- [ ] 능수형 매실나무
- [ ] 능수형 벚나무

메모

능수형의 공작단풍은 형태와 질감이 좋아 인기가 많다.

크리핑타임은 돌담 위에 심어 늘어지게 장식하면 부드러운 느낌을 준다.

붉은 공작단풍과 색색의 그라스가 어우러진 정원

수평형 나무

수평형은 말 그대로 땅 위에 낮게 옆으로 퍼져나가는 식물 형태다. 화단의 가장자리, 석축 사이 또는 담장 위에 늘어지게 식재하는데 사용한다.

비정형 나무

몇몇 식물들은 자연적으로 불규칙하게, 그리고 때때로 드라마틱한 형태로 자란다. 이들은 인위적으로 만들어 낼 수 없는 아름다운 실루엣을 만들어 낸다. 비정형 나무는 건물과 같이 극단적으로 정형적이고 기하학적인 형상, 혹은 열린 스카이라인을 배경으로 할 때 그 아름다움이 부각된다.[3]

3 Hilary Thomas(2008), 『The Complete Planting Design Course: Plans and Styles for Every Garden』, Mitchell Beazley

수평형 나무

- [ ] 눈향나무
- [ ] 크리핑타임

비정형 나무

- [ ] 소나무
- [ ] 향나무

인공형 나무

정원의 근본적인 성질은 인간이 개입하여 자연을 특정한 공간과 형상으로 재구성하는 것이다. 필요에 따라 나무든 초화든 특정한 형태로 다듬어 정원에 활용하게 된다. 쥐똥나무나 꽃댕강나무와 같은 관목은 사각 생울타리로 만들기 좋다. 홍가시와 같은 남부 수종의 나무는 생울타리는 물론이고 기둥을 깔끔하게 전지하고 위는 풍성하게 만들어 많이 쓰기도 한다.

인공형 나무는 기하학적인 형태, 특히 담장과 같이 건축적 역할을 해낸다. 정원에 질서와 리듬감을 부여하기도 한다. 초화 화단과 같이 상대적으로 부드러운 부분의 배경이 되어주고 정원의 레이아웃과 축을 강조해주기도 한다.[4] 극적인 효과를 위해 특정한 형상으로 나무를 키우기도 한다.

톱날 모양으로 다듬은 주목 울타리가 정원의 상징이 되기도 한다.

4 Hilary Thomas(2008), 『The Complete Planting Design Course: Plans and Styles for Every Garden』, Mitchell Beazley

정원의 주제를 표현하기 위해 만들어진 주목 생울타리

부채형 나무

많은 수의 식물이 처음에는 수직으로 혹은 약한 부채 형태로 자라기 시작하다가 점점 잎이 자라고 가지가 무거워지면 활 모양으로 휜다. 부채 모양의 식물은 기본적으로 유한 느낌을 준다. 부채 모양 식물은 그들의 형태가 잘 드러나도록 식재 계획 단계에서 충분한 공간을 확보해주어야 한다.[5] 부채 형태의 나무는 잎과 가지가 퍼지면서 넉넉한 공간이 생긴다. 그 아래에 다른 식재를 하기도 좋아서 작은 정원에는 아치형 나무를 많이 권한다.

부채형 나무

- ☐ 붓들레아
- ☐ 공조팝
- ☐ 조팝
- ☐ 목수국

메모

동그란 공모양의 공조팝꽃이 분수처럼 쏟아져내린다.

5 Hilary Thomas(2008), 『The Complete Planting Design Course: Plans and Styles for Every Garden』, Mitchell Beazley

2. 초화의 형태

i. 화단 내 기능에 따른 분류

초화의 형태는 나무보다는 두드러지지 않지만 꽃의 모양과 줄기가 뻗은 모양이 무궁무진하며 계절에 따라 드라마틱하게 변화한다는 매력이 있다.

초화는 교목이나 관목보다 훨씬 역동적이며 계절 변화를 극적으로 반영한다. 초화들은 자라는 동안은 형태와 색이 무난한 편이다. 그러나 꽃이 만개하고 열매를 맺게 되면서 그 나름의 매력을 발산한다. 성공적인 식재 디자인을 위해서는 꽃의 색상과 더불어 형태, 잎의 질감과 색상이 계절에 따라 어떻게 변하는지까지 고려하여야만 한다.[6]

자연주의 정원의 대가 피에트 오돌프Piet Oudolf 1944- 는 초화와 그라스류를 주로 이용한 식재 디자인을 선보인다. 그의 책 『Designing with Plants』에서 초화의 형태를 구분하여 용도에 맞게 식재 디자인에 사용하는 법을 소개한다. 이 분류법을 기준으로 이 책에서도 초화 형태에 따라 용도를 구분하여 살펴보도록 하겠다.

6 Hilary Thomas(2008), 『The Complete Planting Design Course: Plans and Styles for Every Garden』, Mitchell Beazley

포커스가 되는 주연 역할의 초화[7]

화단의 주연이 될 만큼 강렬한 초화들을 말한다. 이들은 개성이 강하고 강렬한 색상을 가졌기 때문에 다른 식물들과 나란히 심기보다는 홀로 두드러지도록 심는다. 수직형의 식물이 많고 비교적 긴 시즌 동안 존재감이 드러나는 편이다. 이 유형을 화단 내에서 일정한 패턴으로 심게 되면 공간의 뼈대 역할을 한다.

포커스가 되는 초화

- ☐ 버바스쿰
- ☐ 스티파기간티아
- ☐ 키큰무늬갈대
- ☐ 델피늄
- ☐ 니굴라리아
- ☐ 아티초크
- ☐ 피마자
- ☐ 팜파스그라스
- ☐ 악티아
- ☐ 접시꽃
- ☐ 안젤리카

메모

7 Linden Hawthorne(2009), 『Gardening with Shape, Line and Texture: A Plant Design Sourcebook』, Timber Press

키 큰 악티아를 심어 극적인 효과를 연출한 화단

스티파기간티움이 식재된 화단

팜파스그라스가 웅장하다.

형태가 두드러지는 초화

- [ ] 아칸서스
- [ ] 아가판서스
- [ ] 아가스타체
- [ ] 접시꽃
- [ ] 알리움
- [ ] 추명국
- [ ] 디기탈리스
- [ ] 에키네시아
- [ ] 에키놉스
- [ ] 에린지움
- [ ] 니포피아
- [ ] 루피너스
- [ ] 베르가못
- [ ] 리아트리스
- [ ] 유카
- [ ] 등골풀

메모

형태가 두드러지는 초화

만약 정원을 아름다운 식물로 가득 채웠는데도 불구하고 어딘가 어수선하고 임팩트가 부족하다는 느낌이 든다면 대부분의 경우는 정원의 구조 설계가 부실하기 때문이다. 물론 어느 정도는 식물이 가지는 형태만으로도 화단 전반의 구조를 만들어낼 수도 있지만, 너무 많은 요소들을 무작위로 모아두면 오히려 시각적으로 혼란스러워지는 것이다.

독특한 구조를 가진 식물을 효과적으로 활용하기 위해서는 두 가지 원칙을 명심하자. 강조와 대비다. 주제가 되는 형태가 두드러지는 식물을 선택하였다면 그 주변에는 비교적 부드럽고 단순한 질감의 식물을 채워 넣자. 강한 대비감은 각각의 매력이 돋보이도록 해주고 시각적인 리듬을 만들어준다. 혹은 역으로 대담하게 모아심기를 해도 매우 매력적인 화단이 된다. 한두 포기를 심을 경우에는 이웃 식물들과의 조화 속에서 절제된 매력을 즐길 수 있지만, 군식을 한 이국적인 정원 디자인도 또 하나의 훌륭한 선택이다.

니포피아는 형태와 색상 모두 두드러져 화단의 주연 역할을 한다.

베르가못은 색상과 형태 모두 아름다워 무리로 심을 경우 드라마틱하다.

버바스쿰은 키가 크며 형태가 두드러지고 잎이 아름답다.

군식하기 좋은 초화

군식하기 좋은 초화는 오히려 형태적으로는 무난한 것이 많다. 따라서 하나 하나만으로는 시선을 잡아 끌지는 못한다. 그러나 군식 초화는 비교적 긴 시즌 동안 화단을 지켜주며 꽃이 화사한 종이 많아 분위기를 밝혀준다. 예를 들어, 아스타는 형태와 질감이 크게 독특하지 않은 편이지만 개화 시즌이 되면 맑은 블루 보라색 꽃이 가을 하늘과 환상적으로 어우러진다. 그라스류 중에서도 키가 작은 편인 수크령은 평소에는 다른 식물의 배경이 되는 정도의 존재감을 가지고 있다. 그러나 가을이 되어 만개하면 풍성한 갈대밭을 만들어준다.

군식하기 좋은 초화

- ☐ 수크령
- ☐ 아스타
- ☐ 아이리스
- ☐ 범부채
- ☐ 애기범부채
- ☐ 샤스타데이지
- ☐ 배초향
- ☐ 잉글리쉬라벤더
- ☐ 억새
- ☐ 미니수크령
- ☐ 금계국
- ☐ 구절초

루드베키아는 무리로 심어 풍성하게 연출하기에 좋다.

채우기 식물

이른 계절에 꽃피는 초화들이 대부분 채우기 식물에 속한다. 어디까지나 만개한 꽃을 즐기기 위한 초화인지라 개화 시기 외의 대부분의 계절은 크게 눈에 띄지 않는다. 형태적인 특징이 크게 없어 꽃이 피기 전후로 가을과 겨울에 볼거리가 부족한 편이다. 강한 형태의 식물을 강조해주는 보조 역할을 수행한다.

채우기 식물

- ☐ 물망초
- ☐ 아스타
- ☐ 샤스타데이지
- ☐ 벌개미취
- ☐ 감국
- ☐ 소국
- ☐ 라벤더
- ☐ 숙근사루비아
- ☐ 꼬리풀
- ☐ 향달맞이
- ☐ 페로브스키아
- ☐ 야로우

메모

채우기 식물은 꽃이 작고 부드러운 질감의 식물이 좋다. 타임은 화단 가장자리 채우기용으로 유용하다.

ii. 꽃의 형태에 따른 분류

반구형 초화

식물의 대부분이 둥근 언덕과 같이 봉긋한 형태를 띈다. 이를 반구형 초화라고 부른다. 화단 가장자리에 두면 완만한 곡선이 경계선을 부드럽게 풀어준다. 느슨한 반구 형태는 시각적으로 안정감을 주고 다른 식물 조합을 할 때도 이질감 없이 조화롭게 녹아 든다.[8] 수직형 식물, 수평형 식물과 같이 형태가 도드라지는 요소들과 두면 대비 효과를 톡톡히 누릴 수도 있다. 그러나 무엇보다도 꽃 자체의 풍요로움과 질감을 즐기기에 좋다.

반구형 초화		
☐ 우단동자	☐ 옥잠화	☐ 달개비
☐ 휴케라	☐ 라벤더	☐ 캄파눌라
☐ 삼지구엽초	☐ 작약	☐ 타임
☐ 기린초	☐ 플록스	☐ 아스타
☐ 숙근사루비아	☐ 마가렛	☐ 알리섬
☐ 숙근코스모스	☐ 구절초	☐ 은사초
☐ 숙근제라늄	☐ 금낭화	☐ 갈사초
☐ 제라늄	☐ 꼬리풀	☐ 청사초
☐ 헬레보러스	☐ 꿩의비름	
☐ 비비추	☐ 둥근잎꿩의비름	

메모

8 Linden Hawthorne(2009), 『Gardening with Shape, Line and Texture: A Plant Design Sourcebook』, Timber Press

둥글게 자라는 키 작은 그라스류는 화단 앞에 심으면 포커스 식물이 될 수도 있다.

풍지초는 둥글게 자라는 그라스류로 질감과 색상이 아름다워 화단에 자주 등장한다.

수평형과 층층이형 초화

수평적인 형태 또는 층층형태를 띠는 식물들을 말한다. 화단의 가장자리에 심어 자연스럽게 지면과 연결해주는 요소로도 많이 활용한다.

투시형 초화

꽃이 키가 크고 꽃대가 가늘어서 꽃대 사이로 다른 식물들이 보이는 투시형 식물을 일컫는다. 이런 유형의 식물은 키가 작은 식물들 사이로 식재하면 시각적으로 겹쳐지면서 시원한 공간감이 더해진다.

수평형과 층층이형 초화

- ☐ 꽃잔디
- ☐ 캄파눌라
- ☐ 상록패랭이
- ☐ 레이디스맨틀
- ☐ 섬백리향

투시형 초화

- ☐ 꿩의다리
- ☐ 스티파기간티움
- ☐ 버들마편초
- ☐ 딜
- ☐ 휀넬

뭉게구름형 초화

식물의 재질이 뭉게구름 같은 효과를 주는 식물들을 일컫는다. 강한 형태의 식물을 돋보이게 하는 배경으로 식재하기도 한다. 시각적인 원근감을 주기 위해 심는다.

뭉게구름형 초화
☐ 털수염풀
☐ 안개초
☐ 물망초
☐ 핑크뮬리

러시안세이지는 몽환적인 느낌을 준다.

제 5장

제 5장 정원의 환경과 식물의 선택

1. 정원 현장의 조사와 분석

정원을 만들기 위해서는 먼저 기존의 사물들과 공간을 고려해야 한다. 이는 순백의 캔버스에 그림 그리기와 다른 경험이다.

정원디자이너는 세부 디자인에 앞서 먼저 정원 부지를 철저히 조사하고 분석한다. 공간 구조, 현재 자라고 있는 식물, 토양 상태, 기후 등을 꼼꼼하게 확인한다. 현장 조사에 임할 때는 임의로 가치를 평가하거나 중요도를 낮추어 생략하는 일이 없도록 한다. 이 단계에서 정원에 존재하는 모든 것은 가치가 있다.

현장 조사 체크리스트

- ☐ 카메라
- ☐ 토양 조사세트
- ☐ 줄자
- ☐ 전지가위
- ☐ 모종삽
- ☐ 메모장
- ☐ 펜

메모

현장 조사 체크리스트

프로젝트명			
의뢰인		용도	
주소			
부지 법률적 용도 제한			
지하 매설물 여부			
주변 풍경 및 특이사항			
기존 수목 및 초화			
- 수종/크기/수량:			

현장 조사 체크리스트			
지형	☐ 정원의 양지 체크 ☐ 정원의 음지 체크 ☐ 정원의 경사도 체크	토양	☐ 흙의 종류: 사질토 / 진흙/ 기타 ☐ 흙 pH 농도: 산성 / 중성 / 알칼리성
기후	☐ 연평균 기온 ☐ 겨울철 최저 기온 ☐ 서리가 오는 시기 (시작과 마지막날) ☐ 바람의 세기 ☐ 여름 집중 호우 시 문제는 없는가? ☐ 기본 배수는 잘 되는가? ☐ 흙 무너짐, 침수 등		
메모			

현장 조사 준비하기

현장 조사는 시간과 인력 리소스가 상당히 소모되는 작업이기에 이중 수고를 줄이기 위해 만반의 준비를 하고 임하자. 특히 전문적으로 의뢰를 받은 정원디자이너라면 다음과 같은 필수도구들을 빠짐없이 구비할 것을 권장한다. 그러나 필자가 제시한 목록은 가장 기본적인 리스트일 뿐이며 경험이 쌓일수록 선호하는 자신만의 아이템을 추가해나가면 되겠다.

현장 조사하기

현장 조사는 전체적인 주변 경관과 토지의 형상, 출입구에 관한 개관부터 시작하여 이를 부분적으로 꼼꼼히 진행한다. 메모는 작업실에 돌아갔을 때 혼동되지 않도록 가능한 깔끔하고 명확하게 기록한다. 특별한 분위기나 아이디어가 떠오른다면 틈틈이 적어두어 컨셉 선정에 활용하자. 사진을 찍을 때는 공간 혼동을 방지하기 위해 가능한 부지 내 일정한 순서를 정하여 차례대로 진행하거나, 어느 부분인지 알아볼 수 있도록 표시를 한다.
그렇다면 정원이 조성될 부지 안에서는 무엇을 살펴봐야 할까? 다양한 경우의 수를 생각해보자. 부지의 방향과 미기후微氣候를 고려하여 정원의 부분별 식재를 선정한다. 이는 부지 중 햇빛이 드는 곳과 그늘지는 곳 차이까지 섬세하게 점검하는 것을 뜻한다. 하루 중 몇 시간 동안 그늘이 지는지, 토양의 구성은 부분별로 차이가 있는지, 토양의 습도는 어떠한지 등의 질문에 답을 채워나간다. 현장에 잡초가 무성하다면 잡초의 생태 특성으로 토양 상태를 추측해볼 수도 있다. 기존에 큰 교목이 있다면 그늘의 크기가 어떻게 되며, 교목을 부지 다른 장소로 이동하여 활용할 수 있는지 등도 살펴보자. 부지 외 공간도 살펴볼 필요가 있다. 정원의 경계 너머로 시야를 넓혀보자. 그 지역 조건에서는 어떤 식물들이 잘 자라는지 식생 유형에 따라 식재 디자인이 달라지기도 하기 때문이다.

현장 조사 후 분석하기

현장 조사가 끝났다면 본격적으로 조사 내용을 분석한다. 스케치북에 정원 부지를 대략적으로 그리고 그 위에 현장 상태나 간단한 의견 등을 적어 종합분석도를 만든다. 전반적인 계획을 한 눈에 파악할 수 있도록 해주는 아주 효과적인 방법이다. 정원 인프라 작업이 필요한지 등의 흐름을 정리한다. 담장을 신축해야 하는지, 원하는 초화 식재를 위한 토질 개선이 필요한지, 정원 중간중간에 센 바람을 차단할 장치가 필요한지 등의 여부를 구체적으로 생각을 정리하는 과정이다. 떠오르는 아이디어 역시 잊지 않도록 기록하는 습관을 들이자.

현장 분석 노트 예시

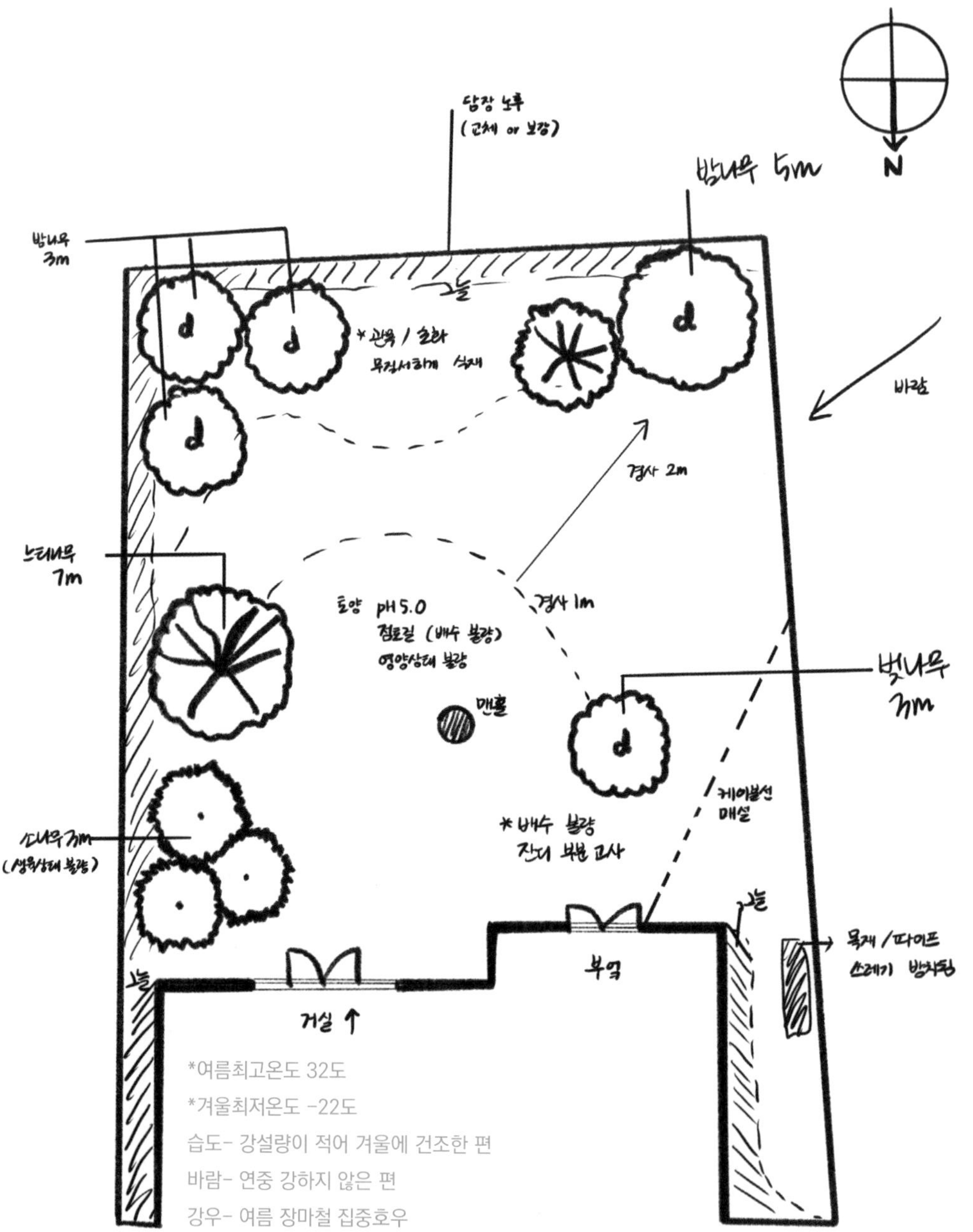

*여름최고온도 32도
*겨울최저온도 -22도
습도- 강설량이 적어 겨울에 건조한 편
바람- 연중 강하지 않은 편
강우- 여름 장마철 집중호우

2. 정원의 환경

햇빛과 식물

작은 정원이라도 햇빛의 양은 부분별로 차이가 날 수 있다. 주변에 높은 빌딩이 있거나 큰 교목이 있어 그늘이 지기도 하고 남향인지 동향인지 등의 일조량에는 다양한 변수가 개입된다. 주어진 부지의 환경적 조건을 바꿀 수 없다면 식재 디자인을 그에 맞추어 기획할 수 밖에 없다.
식물은 햇볕의 양에 따라 양지식물, 음지식물, 반半음지식물 세 가지로 나눈다. 정원의 하루 중 그리고 사계절 동안의 일조량을 정확히 파악하여 배치한다. 식물 사전을 자세히 살펴보면 식물별로 어떤 카테고리에 속하는지 표기가 되어 있으므로 자신의 부지 조도량과 대조하여 선택하면 된다.

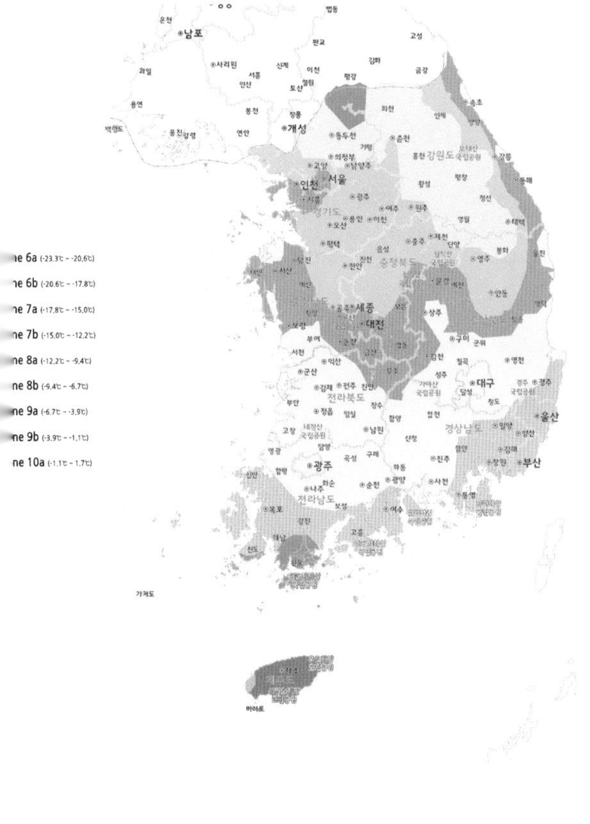

식물의 내한성 지표

온도와 식물

식물이 생육하는 데에는 적당한 일조량과 더불어 온도가 상당히 중요하다. 또한 생육 적온은 식물의 종류와 환경마다 차이가 크게 나므로 반드시 확인한 뒤 식재한다. 보편적인 생육 적온은 7-30℃도 사이이지만, 한계온도의 생육 최저온도와 생육 최고온도는 식물마다 확인이 필요하다. 정원에는 여러 종류의 꽃과 나무를 심으므로 계절별로 잘 견뎌낼 수 있는 식물들로 고르자.
우리 고유종뿐만 아니라 외국품종, 개량된 신품종이 시장에 혼재되어 판매된다. 그러나 이들이 모두 사계절이 뚜렷한 우리나라의 기후에 적합한지는 한번 더 생각해볼 필요가 있다. 이를 간과했다가는 특히 여름 장마와 겨울 동해冬害에 극심한 피해가 발생하게 된다. 따라서 피해를 최소화하기 위해 한국의 내한성 지도를 참고하자. 미국 농무부USDA에서 만든 식물의 내한성 지표에 기초한 신뢰도 높은 지표자료다.[1]

1 www.plantmaps.com, Plant Hardness Zone, 미국 농무부USDA에서 만든 식물의 내한성 강도를 나타내는 지표다. 각 구역을 1-13으로 나누고 다시 A와 B로 나누었다. 각

그럼에도 불구하고 이 내한성 지도 역시 한계가 있다. 지역의 미기후와 강우량, 강설량과 같은 기타 기후 여건을 반영하지 않은 자료이기 때문이다. 특히 우리나라의 여름 장마는 고온 다습하여 선선한 기온을 좋아하는 식물들에게는 치명적이다. 뿌리와 잎이 물러 죽지 않도록 습도와 고온에 대한 조치를 별도로 해주어야 한다. 내한성 지도를 가이드라인으로 참고하되, 반드시 개별 현장의 특성을 명확하게 파악하자.

예를 들어, 향기가 좋아 인기가 많은 잉글리쉬라벤더는 고온 다습한 기후를 이겨내지 못하기에 한국에서는 여름 장마철에 많이 죽는다. 스위트피, 로벨리아, 안개꽃, 데이지, 팬지, 카네이션, 버베나, 시금치, 상추, 배추, 제라늄, 우단동자, 램스이어, 아티초크 등 이른 봄에 피는 식물들은 선선한 기온을 좋아한다. 이들은 봄이나 가을에 개화할 수 있도록 식재 시기를 맞추고 여름철 관리에는 특히 유의해주어야 한다.

털수염풀의 솜털 같은 질감을 가진 식물은 시각적 깊이감을 주기에 좋다.

물과 식물

토양 속에 함유된 수분의 양에 따라 식생 가능한 식물이 달라진다. 수분량 조절만으로도 사막 정원, 암석 가든, 수생 정원, 습생 정원 등 천차만별의 화단을 만들 수 있다. 물옥잠화, 연, 수련, 파피루스와 같은 수생 식물은 통기 조직을 통해서 호흡하므로 연못이나 분수에 넣는다. 반면 골풀류나 토란과 습생 식물은 줄기에 통기 조직이 발달되어 있어서 오히려 침수 상태에서는 생육이 좋지 못하고 비교적 습한 토양에서 잘 자란다. 선인장과 다육 식물과 같은 건생 식물은 건조한 토양이 좋다. 알파인 식물은 흙의 양이 적고 수분이 거의 없는 곳에서 잘 자란다.

구역은 고유의 색으로 지도에 표기된다.

토양과 식물

햇빛, 온도, 수분 모두 생물이 살아가는데 필수적이지만 흙이야말로 식물들의 근본이며 생명이다. 어떤 형태로든 흙이 존재해야만 식물은 뿌리를 내리고 영양분을 받아 성장할 수 있다. 따라서 정원 디자인에 본격적인 흥미가 있는 이라면 흙에 대해서는 어렵더라도 최대한 정확하고 자세하게 이해하고 넘어가기를 권한다.

흙의 깊이

정원의 흙을 수직적으로 자른 단면을 상상해보자. 맨 위 흙의 표면부터 아래 순으로 식물이 뿌리를 내리고 영양분을 흡수하는 표층토, 지반을 이루는 하층토가 있다. 가장 중요한 것은 바로 뿌리가 위치한 표층토다. 영양분을 직접 공급한다.

문제는 실제로 정원의 흙을 파보면 표층토의 깊이가 일정하지 않다는 것이다. 또한 식물마다 필요한 표층토의 깊이가 다르기도 하다. 아주 일반적인 경우 초화는 최소한 30cm 깊이, 관목은 50cm 깊이, 교목은 1m 깊이의 표층토를 확보해야 한다. 지반 조사를 했을 때 표층토가 얕다면 흙의 절대량을 보충해야만 한다. 특히 자연에서 오는 영양분이 없는 인공지반 위에 정원을 조성할 경우 흙의 최소 깊이를 필히 확보하고 식재를 진행하자.

흙의 구조

흙은 미세한 알갱이로 되어 있다. 알갱이의 굵기에 따라 점토와 모래로 크게 나눌 수 있다. 흙이 뭉쳐있는 정도에 따라 구분하기도 한다. 알갱이가 낱알로 만들어져 있는 모래 구조, 낱알이 몇 개씩 뭉쳐있는 구조, 미세한 알갱이가 틈 없이 엉켜있는 구조인 점토인지를 살펴본다.
점토, 혹은 진흙은 흙의 알갱이가 작고 뭉쳐져 있어서 배수가 잘 되지 않는 흙을 말한다. 진흙은 손으로 뭉치면 단단하게 그 모양이 고정되고 마르면 돌처럼 단단해지면서 갈라진다. 이때 모래, 퇴비, 부엽토를 섞어서 공기가 잘 통하도록 개선해주면 영양분이 풍부한 흙이 된다.
모래는 알갱이가 적절하게 뭉쳐져 있지 않고 낱낱이 흩어져서 배수는 잘 되나 영양분과 수분이 없다. 여기에는 점토를 보충하여 주면 수분과 공기를 적당히 가진 부드러운 흙이 된다.

흙의 산성도

흙의 산성도에 따라 영양분의 용해가 달라지기 때문에 당연하게도 식물의 생육에도 영향을 끼친다. 산성도를 나타내는 수소이온지수Potential Hydrogen는 25℃를 기준으로 확인한다. pH 0-14 값으로 표기하며 0에 가까울수록 강한 산성, 7은 중성, 14에 가까울수록 강한 알칼리성을 뜻한다. 약간의 오차는 있겠지만 일반적인 식물의 성장 가능한 토양 산성도는 pH 4.5-pH 8.5 범위 내이다. 물론 더 강한 산성이나 알칼리성에서 잘 자라는 식물도 있긴 하겠지만, 정원의 이상적인 토양 산성도는 pH 6.0-pH 7.0의 약산성과 중성 사이이다.

pH 측정 테스트

1. **서너 군데를 땅 깊이 7-15cm 정도 깊이로 파서 흙을 채취하여 깨끗한 비닐백에 담는다.**
2. **증류수에 흙과 시약을 넣고 흔들어 가라앉힌다.**
3. **변한 용액의 색과 샘플 산성도 지시 색상표와 비교한다.**

※디지털 산도 측정기의 경우 흙에 물을 뿌린 후 꽂아서 한번에 편리하게 측정할 수 있다.

산성 토양에서 잘 적응하는 식물[1]

- [ ] 철쭉류
- [ ] 소나무
- [ ] 단풍나무
- [ ] 블루베리
- [ ] 만병초
- [ ] 자목련
- [ ] 때죽나무
- [ ] 동백나무
- [ ] 풍년화
- [ ] 연령초

메모

1 RHS Plants For Place, p92-117

알칼리성 토양에서 잘 적응하는 식물[1]

- [ ] 은방울꽃
- [ ] 산수유나무
- [ ] 애란
- [ ] 라벤더
- [ ] 인동덩굴
- [ ] 참빗살나무
- [ ] 초롱꽃
- [ ] 헬레보러스
- [ ] 도라지
- [ ] 할미꽃

메모

1 RHS Plants For Place, p64-91

생육의 17 필수원소

※다량요소

- ☐ 수소H
- ☐ 산소O
- ☐ 질소N
- ☐ 인P
- ☐ 칼륨K
- ☐ 칼슘Ca
- ☐ 마그네슘Mg
- ☐ 유황S

※미량요소

- ☐ 망간Mn
- ☐ 붕소B
- ☐ 철Fe
- ☐ 구리Cu
- ☐ 아연Zn
- ☐ 몰리브덴Mo
- ☐ 염소Cl

메모

흙의 영양분

식물의 생육에 없어서는 안될 원소를 [식물 생육의 17 필수원소]라고 한다. 식물의 생육에 비교적 다량으로 필요한 9가지 다량요소와 미량이나 없어서는 안 될 7종을 미량요소라고 한다. 이 중에서 식물체내에 탄소와 산소는 광합성을 위한 이산화탄소CO_2 형태로 잎을 통해, 수소는 수분H_2O의 형태로 뿌리를 통해 흡수된다. 나머지 원소들도 뿌리를 통해 흡수된다.

질소N, 인P, 칼륨K이 특히 다량으로 필요하면서도 제일 결핍되기가 쉽다. 토양에서 공급이 충분하지 않을 때는 이를 인위적으로 보충해준다. 이것을 비료라고 한다. 가장 효과가 현저하게 나타나는 것은 질소 비료다. 뿌리의 발육, 줄기와 잎을 무성하게 만들어주고 광합성도 왕성하게 만든다. 인은 뿌리의 발육과 발아력을 개선해주어 꽃과 과식의 생장을 촉진시킨다. 칼륨은 광합성을 촉진시켜 식물 자체의 건강 개선을 돕는다. 건조, 추위, 병해에 대한 저항력을 높여준다. 그 밖에 칼슘과 마그네슘은 영양 측면뿐만이 아니라 토양이 산성을 띠지 않도록 중화시켜주는 중요한 역할을 한다.

비료의 종류[2]

비료는 유기질비료와 무기질비료로 나뉜다.

유기질비료는 토양에 시비해도 즉각적인 효과가 나타나지는 않는다. 그러나 식물과 토양에 가장 좋다. 토양 중에서 서서히 분해되면서 장기적인 효과를 볼 수 있다. 효과는 완만

2 비료의 종류와 분류, 두산백과사전

하나 높은 지속성의 장점이 있다.

무기질비료는 시비하고 즉시 효과가 나타나기 때문에 시기별로 양을 조절하며 공급하는 데 용이하다. 무기질비료는 질소비료, 인산비료, 칼륨비료처럼 단일 비료성분으로 구성된 단비와 두 가지 이상의 성분을 함유한 복합비료가 있다. 비료는 효과가 나타나는 방식에 따라서도 속효성, 완효성, 지효성으로 나뉜다.

그러나 시비량 조절을 실패하여 과다하게 주면 오히려 식물이 고사枯死하게 되니 상당한 주의를 기울여야 한다.

유기질이든 무기질이든 액체형과 고체형으로 된 다양한 비료 제품을 시중에서 발견할 수 있을 것이다. 액체형은 비교적 빠른 효과를 봐야 할 때, 고체형은 상대적으로 장기적인 효과를 기대할 때 선택하면 된다.

성분 농도에 따른 분류

- ☐ 농후비료
  : 무기질 질소비료, 무기질 인산비료, 무기질 칼륨비료, 복합비료, 유기질비료, 석회질비료, 규산질비료
- ☐ 희박비료
  : 퇴구비堆廐肥, 부산물비료

성분별 분류

- ☐ 질소비료
  : 황안·요소·염안·질안·석회질소·암모니아수·초석
- ☐ 인산비료
  : 과석·중과석·용인·용과인·토머스인비
- ☐ 칼륨비료
  : 염화칼륨, 황산칼륨
- ☐ 석회비료
  : 생석회, 소석회, 석회석 분말, 부산副産소석회
- ☐ 규산질비료
  : 규산질비료, 규회석硅灰石비료
- ☐ 마그네슘비료
  : 황산고토·백운석白雲岩 분말
- ☐ 복합비료
  : 제1종복비, 제2종복비, 제3종복비, 제4종복비

메모

수급에 의한 분류

- ☐ 자급비료
- ☐ 판매비료

효과 지속성에 따른 분류

- ☐ 속효성비료
- ☐ 완효성비료
- ☐ 지효성비료

효과별 분류

- ☐ 직접비료
  : 질소질비료, 인산질비료, 칼륨질비료, 잡질비료
- ☐ 간접비료
  : 석회비료, 세균비료

원료별 분류

- ☐ 동·식물성비료
  : 어분, 골분, 대두박, 각종유박, 계분가공비료
- ☐ 광물성비료
  : 규산질비료, 석회비료

생리적 반응에 따른 분류

- ☐ 산성비료
  : 과인산석회·중과인산석회
- ☐ 생리적 산성비료
  : 황산암모늄·용성인비·토머스인비·중과인산석회
- ☐ 중성비료
- ☐ 염기성비료
  : 회분, 석회질소

퇴비 만들기

토양을 제대로 보전하기 위해서는 가능한 유기질비료를 쓰는 걸 권장한다. 개인 정원의 경우 의외로 쉽게 퇴비를 만들 수 있다. 우선, 정원 한 쪽에 퇴비를 쌓아둘 아담한 나무 상자 세 개 정도를 구비한다. 상자마다 퇴비가 숙성되는 시기가 다르도록 시차를 두고 재료를 채워 넣는다. 들어갈 재료로는 정원이나 텃밭에서 뽑은 잡초 등이 좋다. 이 위에 살짝 물을 뿌리고 비닐로 공기가 통하지 않도록 잘 덮어둔다. 빨리 발효시키고 싶다면 발효 미생물 효소를 뿌려주자. 음식물쓰레기를 포함하여 무엇이라도 퇴비의 재료로 사용할 수 있지만 동물성 재료는 악취가 날 수도 있으므로 유의하자. 작은 주택이라면 냄새를 피해 가급적이면 식물성 재료 위주로 퇴비를 만들기를 권한다. 최근에는 퇴비화장치가 시판되어 가정이나 밭에 보다 손쉽게 설치할 수도 있으니 선호하는 방식을 택하면 된다.

제 6장

제 6장 정원의 환경 특성을 이용한 식재 디자인

정원 토양의 성분과 수분에 따라 건강하게 키울 수 있는 수종이 달라진다. 식물을 구입할 때 식물 재배 요령 등을 기입한 식물이름표가 있다면 꼼꼼하게 읽어보자. 다만 끊임없이 신품종이 쏟아져 나오기 때문에 식물이름표가 있더라도 일일이 파악하기도 쉽지 않다. 따라서 평소에도 식물에 관심을 가지고 틈틈이 자신이 선호하는 식물에 대한 리스트를 작성해두었다가 디자인할 때 적재적소에 활용하자.

1. 양지의 식재 디자인

두말할 것도 없이 햇빛이 잘 드는 정원은 식재 선택의 폭이 넓다. 양지식물은 보편적으로 꽃이 화려하거나 잎에 독특한 무늬 혹은 색상을 띤다. 햇빛을 좋아하여 하루에 최소한 6-8시간 정도의 직사광선을 쬐어야 한다.

양지식물		
☐ 야로우	☐ 디안서스	☐ 스텔라원추리
☐ 샤스타데이지	☐ 히비스커스	☐ 니포피아
☐ 코레옵시스 문빔	☐ 헬레니움	☐ 독일붓꽃
☐ 러시안세이지	☐ 페르시안 캣민트	☐ 플록스
☐ 라벤더	☐ 큰꿩의비름	☐ 붓들레아
☐ 원추리	☐ 억새	☐ 루드베키아
☐ 버베나	☐ 수크령	☐ 페튜니아
☐ 아스타	☐ 숙근사루비아	☐ 아게라툼
☐ 램스이어	☐ 일년생 사루비아	☐ 해바라기
☐ 미니자이	☐ 델피늄	☐ 메리골드
☐ 아르테미시아	☐ 에키네시아	☐ 제라늄

다알리아가 화사한 초가을 화단

청화쑥부쟁이와 꿩의비름의 짙은 색상은 가을 분위기를 물씬 풍긴다.

음지식물

- ☐ 임파첸스
- ☐ 옥잠화
- ☐ 맥문동
- ☐ 앵초
- ☐ 관중
- ☐ 고비
- ☐ 고사리
- ☐ 동의나물
- ☐ 노루오줌
- ☐ 산수국
- ☐ 휴케라
- ☐ 오크수국
- ☐ 풍지초
- ☐ 애란
- ☐ 토레니아
- ☐ 코레우스

메모

2. 음지의 식재 디자인

빛이 있는 곳에는 그림자가 있다. 정원에서 완전한 그늘과 하루의 일부만 그늘진 반그늘을 찾아보자. 또한 같은 그늘이더라도 건조한지 습한지를 확인하자. 이러한 환경에 맞춰 세심한 식물 선택을 해야 하기 때문이다.

음지식물은 내음성耐陰性이 강하고 전형적으로 강한 햇빛 아래에서는 정상적인 생육이 어려운 식물, 특히 오로지 음지를 생육장소로 하며 직사광 아래에서는 생육이 불량한 식물을 말한다.[1]

햇빛이 드는 시간은 음지식물은 하루 중 햇빛이 드는 시간이 3시간 이하인 조건에서도 잘 자라는 식물을 말한다. 반半음지식물은 하루 중 3-4시간 정도 해가 드는 곳에서 잘 자라는 식물군이다. 일반적으로 그늘에서 자라는 식물들은 꽃이 화려하지 않은 대신에 크고 윤기나는 아름다운 잎과 눈에 띄는 형태를 가지고 있다. 이들을 적절히 조합하면 은근한 세련미의 그늘 정원을 구상할 수 있다.

음지· 반半음지의 구분

- ☐ 음지
  : 햇빛이 3시간 이하로 드는 곳
- ☐ 반半음지
  : 햇빛이 평균 3-4시간 드는 곳

1 강영희(2014),『생명과학대사전』, 도서출판 여초

수국은 대표적인 그늘 식물로 인기가 많다.

풍지초는 반그늘에서도 잘 자란다.

그늘 식물은 강한 질감이 매력적이다.

3. 가뭄에 잘 견디는 식재 디자인

친환경적인 삶과 물, 그리고 기후변화에 대한 의식은 우리 시대의 빠질 수 없는 논쟁이다. 지속가능한 발전을 위하여, 특히나 기후 변화에 영향을 받는 정원 디자이너로서 다양한 방법을 고안하도록 하자.

자연스럽게 수분이 아주 적은 곳도 있겠지만 정원 자체에서 소비되는 물의 양을 식재 디자인으로 조절하는 방법도 있다. 그러나 가뭄에 잘 견디는 식재가 반드시 선인장과 같은 사막 정원을 의미하지는 않는다. 자유롭게 원하는 스타일에 맞춰 정원을 계획하고 식재 디자인 시에 비교적 가뭄에 잘 견디는 수종을 선택하는 것이다.

예시로 영국의 베스 샤토Beth Chatto Garden가든을 들 수 있다.

암석식물

- ☐ 할미꽃
- ☐ 돌단풍
- ☐ 바위취
- ☐ 바위솔
- ☐ 용담
- ☐ 애기말발도리
- ☐ 둥근잎꿩의비름

메모

4. 암석 가든 식재 디자인

암석 가든이란 바위, 자갈이 많고 흙이 적은 지질 환경과 그 위에 자생하는 식물군으로 설계한 정원이다. 의외로 암석 가든은 식재 유지 관리에 상당한 노력이 들어가며, 들어가는 비용 및 리소스에 비해 화려함은 떨어진다. 다만 담백한 멋을 좋아하는 사람이라면 정원의 일부를 암석 가든으로 활용해도 좋다. 넓은 면적에 암석 가든을 조성한다면 비슷한 테마의 호흡이 길어 지루하게 보이기 쉽다. 따라서 중간중간 오아시스 같은 작은 연못이나 도랑을 만들어서 지나치게 건조한 느낌을 완화시켜보자.

암석식물들은 꽃이 작지만 잎의 모양과 색이 아름다운 것들이 많아 세심하게 관찰할수록 매력적인 면이 있다. 하지만 척박한 환경에 맞게 대체로 부피와 키가 작고 밀도도 낮다. 암석 식재 디자인이 까다로운 이유가 여기에 있다. 섬세한 식재 배치 테크닉이 없다면 공간이 비거나 초라해 보이기 쉽기 때문이다. 그러다 보니 암석 가든에서는 바위가 중요한 오브제가 된다.

암석식물은 땅 속에 수분이 머물지 않아야 하기 때문에 평지보다는 경사진 곳에 조성하는 것이 좋다. 우리나라의 여름철 장마기의 배수 관리에 신경을 써야 한다. 토양의 조성 단계에서부터 여름철 호우기에 습하지 않도록 토양지반을 조성하고, 그 위를 마사토나 자갈로 덮어준다. 이렇게 하면 잡초를 방지하고 소량의 습기를 머금은 땅이 너무 빨리 마르지 않도록 조절할 수 있다. 또한 시중에 나와 있는 암석식물 중 대부분이 우리나라 겨울을 날 수가 없다. 따라서 매년 새로이 정원을 조성할 목적이 아니라면 반드시 확인하고 식재 디자인을 진행한다.

암석가든 식물은 월동 여부를 꼭 체크한 후 식재한다.

5. 수생 정원 식재 디자인

수생식물은 식물체의 전체 또는 일부가 물 속에서 생육하는 식물의 총칭이다.[2] 물이라는 단일 환경 속에서 생육하므로 뿌리, 줄기, 잎, 꽃, 눈 등의 형태가 수중생활에 적응하도록 뚜렷이 변형되어 있다. 물 밖으로 나오는 경우에도 생활사 중 반드시 어느 한 시기는 수중에서 생육한다. 식물체의 줄기나 뿌리, 또는 잎에 공기를 함유하는 통도조직을 가지고 있는 관다발 식물이다.

수생식물은 오염된 수질을 정화하고 수중 생물들과 물가의 다양한 동물들의 서식처이자 먹이가 된다. 일반적으로 수생식물의 생육형에 따라 표와 같이 분류된다.

수생식물 식재에서 주의할 점은 간결함을 유지하는 것이다. 수공간의 구조와 디자인이 수생식물의 특성에 묻히지 않도록 주의한다. 수생식물은 대부분 상당히 성장이 빠르기 때문에 잘 관리해주지 않으면 과하게 산만해지거나 시각적 불균형을 일으킨다. 예를 들어, 모던한 수공간의 식재는 최소한의 수종으로 혼합식재를 하거나 한 수종을 군식을 하는 것이 좋다. 한국 정원이나 일본식 정원같이 자연스러움을 추구하는 연못 주변을 식재할 때는 무엇보다도 계절적 포커스를 명심한다. 연못 깊이나 구조에 따라 가장자리 식재와 연못 내의 식물 등의 조합을 시도해보자.

생육형에 따른 수생식물의 분류

☐ **부엽식물浮葉植物**

뿌리는 물 밑바닥에 내리고 잎은 수면에 뜨는 식물. 비교적 얕은 연못, 강, 호수, 늪 따위에서 생육한다.

: 수련, 마름, 가래, 순채

☐ **부유식물浮遊植物**

물 위나 물속에서 떠다니며 생활하는 식물을 통틀어 이르는 말. 줄기나 잎이 수면 아래에 있고 뿌리가 없거나 빈약하다.

: 통발, 벌레먹이말, 개구리밥

☐ **정수식물挺水植物**

얕은 물에서 자라며, 뿌리는 진흙 속에 있고 줄기와 잎의 대부분은 물 위로 벋어 있는 식물을 통틀어 이르는 말. 땅속줄기에 통기 조직이 발달되어 있어 근계根系의 호흡을 돕는다.

: 갈대, 부들, 연꽃, 줄

☐ **침수식물沈水植物**

온몸이 물속에 잠겨 있으며 가는 뿌리나 땅속줄기가 물 밑으로 뻗는다.

: 붕어마름, 나사말

2 두산백과사전

C

6. 습지 정원 식재 디자인

습생식물濕生植物은 수생식물과 달리 육상식물이다. 앞서 설명했듯 수생식물이 식물체의 전체 또는 일부가 물 속에서 생육한다면, 습생식물은 수분 공급이 충분히 땅에 적응된 육상식물이며 습윤한 연못, 늪, 습원濕原 주변에서 발견된다. 일반적으로 빈약한 뿌리줄기를 가지고 있고 토양에 수분이 많은 대신 공기 순환이 좋지 않아 뿌리에 통기조직이 발달된 경우가 많다.[3] 이러한 식물들은 잎의 모양, 질감과 꽃이 화려하여 정원들을 꾸미기에 좋다.

습생식물

- ☐ 대택사초
- ☐ 갈대
- ☐ 골풀
- ☐ 숫잔대
- ☐ 여뀌
- ☐ 부처꽃
- ☐ 속새
- ☐ 부들
- ☐ 붓꽃
- ☐ 꽃창포
- ☐ 석창포
- ☐ 무늬창포

3 두산백과사전

습지 식물은 성장이 매우 빠르므로 지나치게 번식하지 않도록 관리해야 한다.

해안가 식물 중
정원에 활용하기 좋은 식물

- [ ] 해송
- [ ] 갈대
- [ ] 갯개미취
- [ ] 갯기름나물
- [ ] 갯쑥부쟁이
- [ ] 땅채송화
- [ ] 사철채송화
- [ ] 털머위
- [ ] 해국
- [ ] 해당화
- [ ] 염주괴불주머니

메모

7. 해안지역 식재 디자인

바닷가에 위치한 정원은 식물의 식생이 환경적으로 매우 까다롭다. 염분이 섞인 강한 바람이 불어서 식물들이 염해를 입기도 하고 잎이 찢어지기도 한다. 해안가 등 소금기가 있는 흙에서 자라는 식물을 염생식물鹽生植物이라고 한다. '바닷가 식물' 혹은 '갯가 식물' 등의 이름으로도 부른다.[4] 염생식물들은 일반적으로 잎이 짧고 작으며 키가 작다.

우리나라의 경우 해안가 절벽의 식물 생태나 제주도 해안의 식물 생태를 관찰해보면 해안가 정원의 식재 디자인을 할 때 참고가 될 것이다. 해안가 정원을 만들 경우에는 바람을 차단하거나 누그러뜨릴 수 있는 장치를 해야 한다. 제주도에서 흔히 볼 수 있는 돌담을 쌓거나 방풍림防風林을 만드는 등의 조치를 취해야 한다.

4 김은규(2013), 『한국의 염생식물』, 자연과 생태

지중해성 식물

- ☐ 유카
- ☐ 향나무 '스카이로켓'
- ☐ 향나무
- ☐ 올리브나무
- ☐ 오렌지나무
- ☐ 부겐빌레아
- ☐ 잉글리쉬라벤더
- ☐ 프렌치라벤더
- ☐ 이가판서스
- ☐ 기타 각종 허브 식물

메모

8. 지중해 기후 식재 디자인

지중해 정원은 지중해 기후 지역에서 자라는 식물들로 만든 독특한 느낌의 정원이다. 이국적인 분위기와 허브 등의 유행으로 우리나라에서 인기가 많다. 지중해성 식물은 햇빛이 잘 들고 겨울에 심하게 춥지 않은 기후에서 잘 자라며 건조하고 배수가 잘되는 토양을 좋아한다.
우리나라에서는 제주도가 가장 지중해성 기후와 흡사하다. 따라서 제주도에서 잘 자라는 식물들이라면 지중해식 정원 식재 디자인에 무난하게 적용할 수 있다. 남부 지방 이외에는 월동이 어려워서 온실 정원으로 활용해야만 겨울나기가 가능하다.

제 7장

제 7장 식물의 개화 시기에 따른 식재 디자인

1. 사계절 화단

아늑한 거실 창문 너머 사계절 내내 풍성한 정원이 기다리고 있다면 얼마나 좋을까. 그러나 정원을 꾸밀 수 있는 공간은 한정적이며 사람은 자연을 거스를 수 없다. 따라서 정원 디자이너는 주어진 리소스 내에서 최대한의 효과를 내기 위해 식재를 계획한다.

계절마다 테마를 변경하여 일년초를 교체하는 화단을 만들거나 일정한 분위기를 유지하기 위한 다년초 화단을 만드는 것이다. 두 가지 방법의 장단점을 살펴보자. 먼저, 일년초 화단은 화려하며 매번 색다른 테마를 표현할 수 있지만 꾸준한 비용과 노력이 필요하다. 다년초 화단은 상대적으로 비용과 공수가 덜 들어가지만 일년초와 같은 화려함은 기대하기 힘들다.

사계절 화단은 이 두 가지를 적당히 배합하여 일 년에 걸쳐 식물이 골고루 피도록 식재를 배치한다. 따라서 한 계절에만 포커스를 둔 일년초 화단처럼 극적인 효과와 화려함은 부족하다. 그러나 질리지 않는 자연스럽고 은은한 아름다움을 즐길 수 있다.

사계절 화단 연출방법

1. 식재 식물의 종류가 많아야 한다.

사계절 볼거리 있는 정원으로 만들기 위해 정원에 식재하는 식물의 종류는 다양하게 사용한다. 그래야만 계절마다 피어나는 꽃의 양이 일정하게 유지될 수 있기 때문이다. 그러기 위해서는 반드시 수종마다 개화시기를 확인한다. 특히 우리나라에서 선호하는 한 수종 테마 화단을 예로 들어보자. 정원주가 특정한 꽃을 좋아한다고 하여 한 종류로 정원을 채워버리는 경우가 많다. 그러나 이러한 단순식재는 잠깐의 개화 시기 외의 나머지 시간 동안의 정원은 배려하지 않은 것이다. 꽃의 종류를 개화 시기별로 적절히 확보하여 일정한 비율로 식재하자.

2. 식재 식물의 종류에 따라 비율을 조절한다.

교목, 관목, 초화를 어떻게 배식하느냐에 따라 계절적인 지속성이나 풍경이 달라진다. 교목의 비율이 커지면 정원의 색상은 지나치게 단순하고 시각적으로는 복잡해진다. 관목의 비율이 커지면 질감의 다양성은 떨어지고 식물의 자라는 속도가 빨라서 관리비용이 많아진다. 일년생 초화의 비율이 과하게 커지면 색상이 화려하고 개화기가 길어서 정원을 화려하고 풍성하게 만들 수 있지만 해마다 다시 심어야 한다. 그렇다고 다년생 초화의 비율이 과다해지면 대부분 개화 기간이 길어야 2-3주 정도이기 때문에 사계절 풍성하게 채워진 화단을 만드는 것은 쉽지 않다. 이러한 장단점을 고려하여 교목, 관목, 다년초, 일년초의 비율을 각각의 스타일이나 관리 면에서 조율한다.

3. 계절 식물 비율을 조절한다.

필자가 권하는 가장 이상적인 계절별 식물 비율은 다음과 같다.

[겨울: 봄: 여름: 가을 = 10: 30: 40: 20]

위를 기준으로 개인별로 좋아하거나 강조하고자 하는 계절에 맞춰 조절하면 되겠다. 개화 시기는 식물 사전을 참고하되, 실제 기후와는 다를 수 있다. 따라서 자신의 정원에 자주 심을 식물은 몇 년에 걸쳐 실제 피는 시기 등을 관찰하여 평균적인 개화 시기를 파악하자.
식재 디자인이 계절별로 적절히 분배 되었는지 체크하는 방법은 간단하다. 식재된 식물들이 일정 시기에 3분의 1 정도가 되는지를 확인하면 된다.[1] 예를 들어, 5월의 식재 리스트를 체크한다면 볼거리가 되는 식물, 즉 5월에 개화하는 꽃, 그라스, 상록수 등을 모두 더하여 전체 식물의 1/3 정도가 된다면 충분히 그 계절의 특징을 드러낸 정원이라고 볼 수 있겠다.

4. 겨울 정원을 먼저 디자인한다.

계절적인 요소를 염두에 두고 식재 배치를 하려면 가장 먼저 잎들이 사라진 겨울 정원을 상상해보자. 소나무, 주목, 측백, 구상나무 등 상록교목을 먼저 배치한다. 그 후에 둥근 회양목, 둥근 주목, 사철나무와 같은 포인트를 위한 토피어리로 만든 상록수를 적절히 배치한다. 덧붙여 겨울철에 마른 형태가 아름답게 보존되는 식물들을 고른다. 예를 들어, 그라스나 다년초의 마른 모습은 겨울 정원에 다채로움을 더하는 요소들이다.

---

1 Tony Lord, Andrew Lawson(2003), 『RHS Encyclopedia of Planting Combinations』, Mitchell Beazley

5. 잎이 예쁜 식물을 활용한다.

꽃이 피는 시기에는 어느 식물이나 존재감을 뽐내기 마련이다. 그러나 꽃이 진 후의 풍경 역시 아름다울 수 있다. 사계절 풍성한 화단을 채울 식물을 고르려면 우선 개화 기간이 긴 수종으로 고른다. 또한 잎의 모양이나 질감이 아름다운 식물을 선택한다면 꽃이 진 후에도 충분한 볼거리가 된다. 그라스류, 호스타와 같이 잎이 아름답거나 관중, 유카와 같이 형태가 눈길을 끄는 수종은 계절과 무관하게 기본적인 제 몫을 해낸다.

6. 그라스류를 활용한다.

그라스는 상록수보다는 짧지만 세 계절 동안 아름다운 자태를 뽐낸다. 그라스는 키, 색상, 질감, 갈대의 색상과 모양 등이 다양하기 때문에 어느 계절에나 테마에 맞게 활용하기 좋다. 특히 겨울 정원에서도 질감이 유지되기 때문에 가장 유용한 식물군이기도 하다.

7. 구근을 활용한다.

구근은 일찍 봄에 피어난다. 겨울을 막 보낸 다른 식물들이 자라나기 전에 풍부한 볼거리를 제공한다. 4월 정도의 이른 봄에 피는 튤립, 수선화, 무스카리, 히야신스, 크로커스, 스노우드롭 등을 그 전해 가을에 미리 계획하여 화단 중간중간 심어놓는다. 우리나라의 봄 화단은 5월이 되어야 초록이 가득 채워지는 편이지만, 구근을 활용하면 정원의 봄을 한달 정도 앞당길 수 있는 것이다.

2. 한 계절 화단

어느 한 계절에만 포커스를 둔 화단을 만들기는 아주 쉽다. 두 가지 방법이 있는데, 단일 식물을 식재하는 방법과 여러 가지 식물을 활용하되 한 계절에만 피는 것들로 골라내는 방법이 있다. 주로 컬러 테마에 맞춰 단일 수종 화단을 많이 활용한다. 한 계절 화단은 비록 유지 기간이 짧더라도 시각적으로 굉장히 강렬하기 때문이다. 예를 들어, 포멀 가든의 이른 봄 화단으로 튤립 화단을, 여름 화단으로는 제라늄을, 가을 화단으로는 천일홍 등을 적용한다. 이렇게 하면 포멀 가든의 정형적인 형태 속에서도 시각적 다채로움을 줄 수 있다.

다년초와 일년초를 혼식하더라도 한 계절에 집중적으로 피도록 화단을 만들 수 있다.

봄에 피는 다양한 다년초와 일년초를 함께 식재하면 화사함이 배가 된다.

단일수종 식재

단일 식물 화단은 가장 쉬운 식재 디자인 중 하나다. 예컨대, 봄에 꽃양귀비 씨앗을 파종하여 화려한 5월 정원을 만들고, 6월에는 샤스타데이지를 심어 하얀 꽃이 하늘거리는 초원과 같은 느낌을 연출한다. 7월에는 금계국, 8월은 루드베키아 단일 화단이 인기가 많다. 잡초에도 강하며 손이 많이 가지 않아 키우기도 쉽기 때문이다.

가을엔 억새류가 좋다. 특히 분홍꽃이 예쁜 핑크뮬리의 인기가 상당하다. 그 외에도 원산지가 남미인 엔젤로니아는 우리나라 장마철도 잘 견디기 때문에 5월부터 11월 첫 서리 전까지 지속적으로 피어 단일 식재 식물로 매우 좋다.

한 계절 다품종 식재

단일 화단의 다른 방법은 한 계절에 피는 여러 가지 식물로 만드는 '한 계절 화단'이다. 일년생, 다년생, 관목 등 수종에 무관하게 같은 계절에 절정을 맞이하는 식물들을 골라낸다. 다만 이 모든 식물들의 화려함이 사라진 뒤의 정원을 고려할 필요가 있다.

예를 들어, 겨울을 지나 맞는 첫 이른 봄 화단을 생각해보자. 메마른 시기를 견디고 올라온 다양한 구근과 바람꽃, 앵초, 물망초, 돌단풍, 할미꽃, 금낭화, 매발톱 등은 반갑기 그지없다. 그러나 봄이 가고 여름과 가을이 되면 화단이 다시 한번 휑하게 되어 자칫 흉할 수도 있다. 이런 공백을 채우기 위해 색상이 강렬하고 개화기가 긴 일년초를 보충 식재해보자.

3. 일년초로 만드는 한 계절 화단

일년초 화단, 혹은 베딩 가든Bedding Garden은 다른 말로 '계절 정원'이라고 할 정도로 계절 특정적이며 화려하다. 특히 여름에 가장 아름답고 풍성한 정원을 만들어준다. 온실에서 일년생 초화를 키워 개화 시기에 화단에 옮겨 심는 방법으로 빠르게 한 화단을 만들고 테마를 변경할 수 있다. 즉, 어떤 메시지나 이야기를 표현하는데 용이하기 때문에 공공정원에 특히 어울린다. 베딩 가든은 때로 큰 화단 안에서도 뭉게뭉게 흩어져 식물 사이 어색한 공백을 메우거나 예상 못하게 고사枯死한 식물들의 자리를 대신하는 역할도 수행한다.

종주국인 영국에서 베딩이 인기를 끌기 시작한 것은 19세기 초반이었다. 빅토리아 시대의 경제적인 윤택함이 뒷받침되면서 자신의 부를 상징하기 위한 용도로도 유행하게 된 것이다. 2차 세계대전 이후 영국에서 가드닝이 대중화되면서 보다 많은 가정 및 전문 정원사들이 베딩 스킬을 발전시키게 되었다. 베딩은 연중 가든 계획의 하나가 될 정도로 중요해지며 영국인들은 마을의 정원이 그 지역의 문화적 가치까지 더한다고 여기게 되었다.[1]

예를 들어, 영국은 영국왕립원예협회RHS는 타톤파크 플라워쇼Tatton Park Flower Show를 주최하여 국내꽃밭경진대회National Flower Bed Competition 등을 공모한다. 또한 유서 깊은 '꽃피는 영국Britain in Bloom'라는 마을 가꾸기 운동은 영국 사람들의 삶 속에 자연스러운 행사로 스며들어 여전히 시행되고 있다. 영국 외에도 프랑스나 스위스 등 유럽 국가를 여행하다보면 아름다운 마을 가꾸기 캠페인이나 독창적인 일년초 화단 연출을 접할 수 있을 것이다.

우리나라에서는 일년초 화단이 의외로 시공 선호도가 높지 않은 편이다. 영국과 우리나라의 기후의 차이, 주거 문화의 차이 등을 고려하면 너무나도 당연하다. 사계절이 뚜렷한 우리나라의 특성상 온실에서 모종을 화단에 내다 심는 것은 비용이 많이 들고 관리가 번거롭기 때문이다.

그럼에도 불구하고 경우에 따라서 일년초 화단이 반드시 필요한 프로젝트가 있다. 예를 들어, 강렬한 효과를 주기 위해 이벤트성 공공정원 연출이라든지 기분 전환을 위한 가정용 창가나 테라스 화분 연출 등이 있겠다. 우리나라에서는 일년초 화단을 봄, 여름, 장마 후 가을 화단, 겨울 화단과 같이 한 해에 서너 차례 만들기도 한다. 일년초 화단에도 중간중간 그라스류와 잎이 아름다운 다년초를 심으면 시각적으로 더욱 풍부해진다.

---

1 Tony Lord, Andrew Lawson(2003), 『RHS Encyclopedia of Planting Combinations』, Mitchell Beazley

단일 식물만 식재한 한 계절 화단은 짧은 기간 극대화한 효과를 연출하기에 적합하다.

봄 일년초 화단

- ☐ 튤립
- ☐ 수선화
- ☐ 히야신스
- ☐ 무스카리
- ☐ 앵초
- ☐ 비올라
- ☐ 페튜니아
- ☐ 크리스마스로즈
- ☐ 꽃무
- ☐ 물망초
- ☐ 팬지
- ☐ 데이지
- ☐ 프리뮬라
- ☐ 버베나

메모

이른 봄 구근 사이에 식재한 비올라도 칼라 계획에 맞춰 식재한다.

여름 일년초 화단

※무궁무진하여 색상 테마와 용도에 맞게 구성하면 된다.

- ☐ 제라늄
- ☐ 펠라고늄
- ☐ 금어초
- ☐ 메리골드
- ☐ 로벨리아
- ☐ 아게라텀
- ☐ 마가렛
- ☐ 페튜니아
- ☐ 버베나
- ☐ 채송화
- ☐ 해바라기
- ☐ 백일홍
- ☐ 맨드라미
- ☐ 코스모스
- ☐ 나팔꽃
- ☐ 봉선화
- ☐ 샐비어
- ☐ 아게라툼
- ☐ 한련화
- ☐ 분꽃
- ☐ 캘리포니아포피
- ☐ 꽃양귀비
- ☐ 끈끈이대나물
- ☐ 과꽃
- ☐ 스위트피
- ☐ 원예용고구마
- ☐ 코레우스
- ☐ 사피니아
- ☐ 엔젤로니아

메모

일년초를 식재한 여름 화단은 화려하기 그지없다.

가을 일년초 화단

※장마 후에는 가을 일년초 화단을 새롭게 조성한다. 여름 일년초 화단은 고온 다습한 장마에는 견디지 못하고 물러버리기 때문이다. 겨울에는 양배추 등을 심어 화단을 장식하면 좋다.

- ☐ 국화류
- ☐ 메리골드
- ☐ 천일홍
- ☐ 코레우스

메모

메리골드의 오렌지색과 노란색은 부드러운 가을 햇빛을 받아 더욱 화사하게 빛난다.

제 8장

제 8장 식물의 기능적 역할을 위한 식재 디자인

자연 속에서 모든 생명들은 나름대로의 고유 역할을 가지고 있다. 정원의 식재 디자인에서도 마찬가지다. 식물마다의 고유 역할을 생각해볼 필요가 있다.

식재 디자인의 궁극적인 목적은 크게 두 가지로 나뉜다. 기능적 식재와 장식적 식재가 있다. 말 그대로 기능적 식재는 사생활 보호를 위해 이웃집에서 정원을 들여다보지 못하도록 막는다든가, 근처에 보기 좋지 않은 구조물이나 건축물을 적당한 크기의 나무를 심어 가린다든가 하는 것이다. 이러한 식물의 기능적 역할에 집중한 식재 디자인을 먼저 살펴보자.

기능적 식재 디자인

- ☐ 건축적인 구조물의 기능을 하는 식재 디자인
- ☐ 시각적 관심을 유도하는 요소로서의 식재 디자인
- ☐ 유지 관리가 쉬운 식재 스타일

혼빔으로 만든 울타리가 멋스럽다.

구조적 식재에 적합한 식물

- ☐ 주목
- ☐ 측백
- ☐ 사철나무
- ☐ 회양목
- ☐ 혼빔
- ☐ 직립느티나무
- ☐ 쥐똥나무
- ☐ 꽃댕강나무
- ☐ 동백나무
- ☐ 홍가시나무

메모

1. 건축적인 구조물의 기능을 하는 식재 디자인

구조적 식재 디자인은 식재로 일정한 공간을 규정하고 닫힌 공간을 만드는 행위를 의미한다. 정원의 전체 동선과 기본 공간의 뼈대가 된다. 이들은 정원을 조성하는 초기 단계부터 고려하여 배치하는 것이 가장 이상적이지만 다음과 같은 경우라면 언제든 구조적 식재 디자인을 고려해보자. 쉼터의 위요圍繞나 담장을 만들고자 할 때, 정원의 경계를 깔끔하게 만들어야 할 때, 쉴만한 그늘이 필요할 때, 이웃의 시선이나 보고 싶지 않은 주변 풍경을 가리고 싶을 때, 차경借景의 프레임을 만들 때 등을 상상해볼 수 있겠다. 식재의 기능적 요소가 강조되더라도 디자이너는 심미적인 측면도 늘 함께 고려해야 한다.

구조적 식재는 추위에 강하고 상대적으로 성장 속도가 빠른 수종을 사용한다. 정원의 벽, 천정, 바닥, 지면 등의 역할을 해야 하기 때문에 잎이 촘촘하고 곱고, 중간 정도의 질감을 가진 것들이 좋다. 수국이나 만병초처럼 화려한 수종은 화단의 배경으로는 조금 과할 수도 있지만 단순한 담장 기능 정도로만 사용하는 건 무방하다.[1]

1 Hilary Thomas(2008), 『Complete Planting Design Course: The Definitive Planting Design Course』, Mitchell Beazley

기능적 식재의 종류

차폐담장

차폐담장, 다른 말로 스크린 기능을 하는 식재는 효과적으로 외부로부터 시각적·물리적 영향을 차단해주어야 한다. 스크린은 교목과 관목을 울창하게 심어서 만든다. 키 낮은 관목으로 마운드를 만든 뒤 그 위에 식재하는 방식을 택하기도 한다. 키 작은 식물의 군집 식재도 좋다. 주목, 측백 등의 상록수나 유럽서어나무과 같은 활엽수로 생울타리를 만들기도 한다. 이렇게 세운 스크린은 사생활을 보호해주고 안전을 확보하고 바람을 차단해준다.

수직정원

수직정원은 전세계적으로 많이 활용되고 있다. 삭막한 콘크리트 벽면을 녹색 식물로 덮는다든지, 공간을 구분하는 경계나 예술적인 표현 도구로 바꾼다. 한편 실내 공간에 친환경 공간을 기획하거나 도시 농장으로도 수직정원을 선택하면 좋다.

시선 차단이나 위요감을 연출하기 위한 생울타리

기능적 식재의 종류

차폐벽

차폐벽은 정원 공간을 나누어 비밀의 정원이나 흥미로운 공간을 연출한다. 일반적으로 높이 50-150cm로 만든다. 건너다 볼 수는 있으나 통행하지는 못하도록 만들어 관람객의 호기심을 자극한다. 일정한 모양으로 만들어 전망창을 내기도 한다.

통행차단식재

차폐벽과 유사하지만 보다 낮고 넓게 식재하여 시각적 장애는 없으면서 통행을 완벽하게 차단한다는 점이 다르다. 철쭉, 회양목 등 키가 크지 않은 관목을 심어 시각적 프레임을 만들어낸다.[1]

천정

식재로 천정을 만들어 그늘이 있는 쉼터를 구성할 수 있다. 지하고가 2m가 넘는 교목을 식재하여 지붕처럼 만든다. 특별한 목적성을 가지고 천정 식재를 만들기도 하지만 기존의 큰 나무가 있다면 이를 적절히 활용하여 쉼터를 만들 방법도 고려해보자.

1 Richard L. Austin(2002), 『Elements of Planting Design』, New York: John Wiley & Sons

측백나무를 둘러싸도록 식재한 작은 쉼터

수직 정원은 비교적 관리가 까다롭지만, 최근에 상당히 인기 있는 스타일이다.

교목을 천정처럼 다듬어 만든 쉼터로 그늘을 제공하고 시각적 프레임이 된다.

생울타리로 만든 가벽은 디자인적인 요소로도 활용하기에 좋다.

낮은 생울타리는 관목과 숲이 있는 어지러운 것들을 간결하게 정돈하는 역할을 한다.

생울타리는 화단의 경계분만이 아니라 동선을 유도하는 용도로 많이 사용한다.

천정만 잎이 우거지도록 나무를 다듬어 터널처럼 공간을 만든 산책로

2. 시각적인 관심을 유도하는 요소로서의 식재 디자인

멋지게 서 있는 나무는 그 자체만으로도 정원의 상징적인 존재가 될 수도 있다. 이를 초점식재라 한다. 초점식재는 강조하고자 하는 식물과 주변 식물들로 이루어진다. 이 중에서도 주인공이 되는 주 요소를 정원 디자인에서는 강조식물이라 한다. 이에 대해서는 뒤에서 보다 자세하게 살펴보도록 하자.

초점식재는 조망자의 시선을 잡아 끌어 시각적 프레임의 중심이 되어야 한다. 초점식재는 디자이너마다 자신이 선호하는 방식이나 컨셉이 다른데, 가장 쉽고 기본적인 초점식재를 예시로 들어보겠다. 식물의 질감을 활용하여 시각적 포인트를 주고자 할 때의 경우를 생각해보자. 가장 효과적인 방법은 상반되는 두 가지 질감을 대비시키는 것이다. 부드러운 질감의 식물들 사이에 거친 성질의 식물을 심거나, 평범한 형태의 식물 사이에 독특한 형태의 나무나 꽃을 심는 등의 방법이 있겠다. 유의할 점은, 자칫 시각적으로 조잡해질 수도 있으므로 초점식재를 한 공간 내에서 과하게 남발하지 않아야 한다는 점이다.[2]

강조식물은 초점식재 속 주인공이다. 따라서 초점식물은 사계절 존재감을 드러내는 식물이어야 한다. 형태, 질감, 생육 습성이든 확연히 주변 식물들 사이에서 두드러져야 한다. 인위적으로 다듬은 기하학 모양 주목이나 회양목, 셀릭스나무, 공작단풍처럼 늘어지는 형태, 자작나무, 배롱나무, 노각나무 등 수피의 색과 질감을 가진 식물, 식물의 칼라가 두드러진 홍단풍나무 등이 많이 사용된다. 그러나 가장 흔한 양버즘나무라도 원통형으로 전지하거나 사각형으로 전지하면 시선을 끄는 핵심 나무로도 충분하다.

2 Richard L. Austin(2002), 『Elements of Planting Design』, New York: John Wiley & Sons

터널처럼 형성된 가로수길의 끝에 볼거리를 둘 경우 더욱 시각적인 효과를 증대할 수 있다.

교목의 강조식물로의 활용

강조식물로 교목을 선택할 때는 교목의 수형, 꽃의 색상, 질감, 계절적인 볼거리를 골고루 고려하여 선택한다. 정원 내에서 교목들의 장식적 역할과 구조적 역할의 균형이 적합한지를 매번 확인하자. 장식적 나무는 보통 화단에 심겨지기 때문에 화단 내 관목과 초화가 잘 자랄 수 있도록 거리나 일조량을 고려해준다. 나무가 전반적인 디자인과 식재 스타일, 분위기를 어떻게 강화할지뿐만이 아니라 그 나무의 특정한 시각적 특성도 고려한다.

수목 선택은 다른 식물들의 계절별 흥미와 색상을 보완하는 방향으로 진행한다. 작은 정원에서는 하나의 나무가 계절마다 볼거리를 가지고 있어야 한다. 예를 들어, 산사나무는 봄에는 예쁜 꽃을 피우고 여름에는 그늘을 드리우며 가을에는 단풍이 아름답고 붉은 열매는 보기에도 즐겁지만 새들의 좋은 먹거리가 되기도 한다. 아주 작은 정원이라 하더라도 훌륭한 교목 하나로 높이감을 부여하고 풍부한 볼거리를 만들어낼 수 있는 것이다.

혼빔을 지붕으로 만든 쉼터

정원의 무게적인 균형이 어느 한 곳에 치우치지 않도록 적절하게 교목을 배치한다.

적절한 위치에 자리 잡은 교목은 중요한 장식요소가 된다.

오랫동안 그 장소를 지켜온 교목을 유지하면서 만든 정원

관목의 강조식물로의 활용

관목 또한 장식적 기능을 위한 식재로 사용하기에 좋은 요소다. 구조적인 느낌이 가진 관목은 시각적 초점식재 역할을 훌륭히 해낸다. 토피어리로 만든 회양목, 잎의 색이 두드러지는 관목, 형태가 두드러지는 관목, 겨울철에 붉은 빛을 띠는 흰말채와 같이 줄기의 색이 화려한 관목도 시선 유도용으로 좋다. 물론, 형태나 질감이 일반적이더라도 꽃이 아름다운 관목도 추천하는 바이다.

풍성하고 큰 관목은 장식요소로 좋다.

자작나무 숲 아래 식재한 목수국은 숲을 더욱더 싱그럽고 풍성하게 만든다.

유지 관리가 쉬운 식재

- [ ] 소나무
- [ ] 대나무
- [ ] 철쭉
- [ ] 회양목
- [ ] 주목
- [ ] 홍자단
- [ ] 유카
- [ ] 그라스

메모

3. 유지 관리가 쉬운 식재 디자인

질감과 색이 아름다운 관목을 지루하지 않도록 식재한 화단

정원주가 정원 관리에 시간을 얼마나 투자할 수 있는지의 여부는 식재 스타일을 계획하는데 큰 영향을 끼친다. 현대의 바쁜 라이프스타일에 맞춰 최소한의 관리만을 필요로 하도록 화단을 조성해야 하기 때문이다. 이러한 유지 관리가 쉬운 화단들의 인기는 갈수록 인기가 많아지고 있다.

사계절 모습을 유지할 수 있는 그라스와 더디게 자라는 상록 관목을 조합한다. 다년생이며 천천히 자라고 마구잡이로 퍼지지 않고, 병충해에 강한 식물일수록 좋다. 연중 형태를 유지할 수 있는 것이 좋기 때문에 상록 관목을 주로 활용한다. 딱딱하고 지루한 느낌을 보완시키기 위하여 초화를 부분적으로 심는다. 그러나 초화는 관리적인 측면에서 시각적 포인트를 가미하는 정도로 양을 조절한다.

잔디는 보기보다 계절을 많이 타며 손이 많이 간다. 따라서 대신 데크, 석재, 콘크리트 바닥재, 자갈, 기타 다른 재료로 바닥 포장을 추천한다. 화단은 굵은 마사, 바크, 자갈과 같은 자재로 덮어주어 잡초가 자라지 않도록 방지한다.

화사한 꽃사과와 관리하기 쉬운 회양목을 단정하게 심은 정원

교목과 느리게 자라는 지피식물로 구성한 미술관 정원이 고급스럽다.

제 9장

제 9장 정원의 컨셉 테마에 따른 식재 스타일

식재 스타일은 그 자체로 정원주나 정원디자이너의 취향을 고스란히 반영한다. 식물 배합, 색상, 잎의 모양이나 꽃의 크기부터 식재 시기와 밀도, 계절별 흥미까지 개개인마다 전부 다르다. 요즘은 원예 기술과 다양한 신품종의 개발로 식재 선택의 폭이 더욱 넓어져 식재 디자인도 점점 더 정교해지고 있다. 물론, 무궁무진한 식재 스타일 중에서 나만의 취향을 찾아나가는 즐거움도 있겠지만 초보자들에게는 그 시작이 막막할 수도 있다. 실용적인 면, 감성적인 면, 환경적인 이유 등의 요인들도 있겠고 정원을 만드는 비용, 정원 관리 수준과 정도, 지속성 등의 현실적인 고려사항 등도 함께 살펴야 하기 때문이다.

필자는 다음과 같이 가장 기본적이고 대중적으로 많이 활용되는 식재 스타일 열 가지를 소개할 것이다. 이를 기반으로 하여 이 책에서 소개되는 색상 테마, 식물의 형태 및 기능, 식재 디자인 템플릿 등의 요소들을 다양하게 응용하여 자신만의 식재 스타일을 찾아나가길 바란다.

클래식 식재 스타일 10가지

1. 혼합 식재 스타일
2. 영국식 초화 화단 식재 스타일
3. 코티지 가든 식재 스타일
4. 먹거리 식재 스타일
5. 자연주의 식재 스타일
6. 초원 식재 스타일
7. 잎이 아름다운 식재 스타일
8. 포멀 식재 스타일
9. 모던 미니멀리즘 식재 스타일
10. 컨테이너 식재 스타일

1. 혼합 식재 스타일

혼합 식재 스타일은 정원의 크기와 무관하게 가장 많이 선택된다. 교목부터 관목, 초화, 구근까지 골고루 심어 연중 다양한 모습의 정원을 연출할 수 있기 때문이다.

혼합 식재 화단은 아주 흔하고 익숙하기 때문에 그 연원이 오래됐을 것이라 오해하기 쉽지만 사실 19세기 후반에 들어 등장한 비교적 신생(?) 디자인이다. 영국의 로버트 제임스Robert James 1873-1960의 혼합 스타일이 히드코트 정원Hidcote Manor의 로렌스 존스톤Lawrence Johnston 1871-1958, 시싱허스트Sissinghurst의 비타 색크빌 웨스트Vita Sackville West 1892-1962, 그래햄 토마스Graham Thomas 1909-2003 등에게 알려지기 시작하여 전 세계 정원주와 원예가들의 마음을 사로잡았다. 이 스타일은 정원 스펙트럼의 양 끝에 있는 크기가 큰 관목과 작은 초화를 조합하는 일종의 통합을 이루었다.[1] 이후 지금까지 현대 정원에는 관목과 다른 식물을 섞어서 나무와 초화 사이의 균형을 유지하는 식재가 발전하였다. 풍성하고 성공적인 혼합 화단을 위해 관목과 작은 교목을 함께 사용한다. 이렇게 하면 초화가 자라는 층 위로 또 하나의 층을 만들어 식재층을 위아래로 분리되지 않게 자연스럽게 연장할 수 있다.

다양한 식물을 심는 만큼 교목·관목·초화의 비율에 따라 전혀 다른 분위기를 연출할 수 있다. 예를 들어, 교목이 전체의 70-80%를 차지하도록 기획하면 숲이나 공원과 같은 모습이 연출될 것이다. 반대로 교목을 10-20% 내외로 조절하고 관목과 초화가 80% 이상을 차지하도록 화단을 꾸미면 화려한 초화 화단이 된다.

혼합 식재 화단 배치하기

1. 전체적인 구조와 스타일에 맞게 교목을 배치한다.

교목 중에는 포인트가 되는 교목을 먼저 배치하고 배경이 되는 교목을 그 다음으로 배치한다.

2. 관목을 배치한다. 필요할 경우 덩굴 식물도 배치한다.

3. 그라스류를 배치한다.

4. 마지막으로 초화를 식재한다.

---

1 Tony Lord, Andrew Lawson(2003), 『RHS Encyclopedia of Planting Combinations』, Mitchell Beazley

줄지어 식재한 교목 아래 수국과 그라스가 어우러져 풍성한 화단을 연출한다.

목련나무와 목수국, 그라스, 다년초가 잘 어우러진다.

소나무와 흰무늬억새, 산수국이 조화롭다.

자두나무 아래 식재한 키 작은 관목인 황금조팝, 애기말발도리, 노루오줌

배롱나무, 목수국, 다년초, 일년초가 풍성하게 화단을 채우고 있다.

2. 영국식 초화 화단 식재 스타일

영국의 전통적인 식재 스타일로 알려진 이 양식은 19세기 후반 윌리엄 로빈슨William Robinson 1838-1935이 처음으로 주창하여 거트루드 지킬Gertrude Jekyll 1843-1932에 의해 완성되었다. 이후 코티지 스타일 정원의 대표적인 디자이너 로즈메리 비어리Rosemary Verey 1918-2001와 페넬로프 홉하우스Penelope Hobhouse 1929- 에 의해 더욱 발전되었다. 현재는 영국 어디에서나 볼 수 있는 가장 영국적인 정원 식재 스타일로 손꼽힌다. 뿐만 아니라 정원 스타일 중 가장 로맨틱하고 꽃이 화려한 정원이라는 평가를 받는다.[2]

영국식 초화 화단 식재 스타일에서는 꽃이 핵심이다. 컬러 컨셉과 주제에 맞게 다년초, 일년초, 구근을 조합하여 세심한 컬러 테마를 디자인한다. 봄과 가을까지 풍성하고 화려한, 그렇지만 동시에 매우 자연스러운 화단을 연출한다. 꽃의 색상, 높이, 형태를 고려하여 적절히 조합하는 것이 핵심이며 햇빛이 잘 드는 양지에 조성하는 것이 좋다. 수직형과 스파이크형의 꽃을 포인트 식물로 하여 주변에 둥근 형태 식물과 데이지형 꽃을 심어 대비 효과를 준다.

다년초와 일년초가 잘 어우러져 어느 계절이나 화려한 정원이 된다.

2 Tony Lord, Andrew Lawson(2003), 『RHS Encyclopedia of Planting Combinations』, Mitchell Beazley

목수국과 우단동자, 아이리스, 헬리오트롭이 로맨틱한 테마 화단

햇살 눈부신 화단

코티지 가든 식재 스타일
☐ 접시꽃
☐ 패랭이꽃
☐ 카네이션
☐ 팬지
☐ 델피늄
☐ 허브
☐ 루피너스
☐ 폭스글로브
☐ 덩굴장미
☐ 작약
메모

3. 코티지 가든 식재 스타일

소박하고 꾸미지 않은 듯 꾸민 듯한 자연스러움, 오래된 듯한 아늑한 쉼터, 걷고 싶은 산책길. 전원생활을 꿈꾸는 사람이라면 누구나 한번쯤 코티지 스타일의 정원을 동경해볼 법하다. 코티지 가든은 영국의 근대사 내내 발전되어 온 양식으로 영국인들의 향수를 자극하는 전통 정원 스타일이다.

코티지 스타일은 말 그대로 영국 시골의 목재 골조의 붉은 벽돌로 만든 오래된 코티지에 어울리는 정원이다. 19세기 중후반의 영국 감성이 녹아있다. 아늑하고 평온하며 아기자기하다. 물론 코티지 가든의 이런 이상화된 풍경이 반드시 그 시대의 현실적 상황과 일치하는 것은 아니다. 당대에는 일하는 사람들을 위한 숙소를 제공하거나 식구를 먹여 살려야 했기에 정원을 채소와 과일 재배에 중점을 두고 관리하였다. 그래서 코티지 가든에서 텃밭의 구성도 필수적이다.

오늘날 코티지 가든은 가장 사랑받는 식재 스타일 중 하나다. 자유롭고 비정형적이고 계절에 맞춰 균형 잡힌 식재 계획을 하면 된다. 또한 관상용 식재와 농작물의 비율도 적당하여 도시나 시골, 어느 환경에서도 제 몫을 해내는 아주 유용한 식재 스타일이다.

주로 로맨틱한 장미, 수국 등의 관목과 다년생, 1-2년생 초화를 사용하며 조합은 늦봄부터 여름까지 색상과 높이가 다양하도록 구성한다. 접시꽃과 폭스글로브가 하늘로 솟아오르며 꽃이 지면 씨앗을 정원에 흩뿌린다. 덩굴식물을 올리기 위해 아버와 퍼골라를 이용하고, 토피어리와 해시계와 같은 조각상으로는 연중 정원의 매력을 더한다.[3]

---

3 Tony Lord, Andrew Lawson(2003), 『RHS Encyclopedia of Planting Combinations』, Mitchell Beazley

코티지 화단의 대표적인 식물 중 하나인 작약

다년초와 일년초가 적절히 혼식된 화단

다알리아, 칸나는 다소 허전한 늦여름 화단을 채워준다.

4. 먹거리 식재 스타일

도시 농업이 화두로 떠오른 요즘, 채소나 과일을 식재하는 키친 가든과 허브 가든의 인기가 상당하다. 의뢰인들과 상담하다 보면 키친 가든은 빠지지 않고 희망목록의 최상위권을 앞다툰다. 누구나 쉽게 만들 수 있고, 화분이든 옥상이든 도심 속 거주 공간에서도 얼마든지 만들 수 있기 때문이다.

키친 가든을 설계하기 전에 그 목적을 분명히 하는 것이 중요하다. 전형적인 주말 농장처럼 생산성을 주 목적으로 둘 것인지, 관상적인 면을 비교적 중시하는지에 따라 결과물이 달라진다. 먹거리 생산이 최우선이라면 공간의 최대 산출을 내야 한다. 관리나 재배의 효율성을 최우선 요소로 두고 동선을 설계한다.

키친가든에도 볼거리를 만들자.

다만 최근에는 생산적인 측면 외에도 키친 가든 자체를 하나의 관상용 화단으로도 선호하는 추세여서 정원주의 정확한 니즈를 파악하도록 하자. 먹거리 식물과 볼거리 식물을 적절히 배합하여 계절별로 화단이 비지 않고 풍요롭도록 만든다. 예를 들어, 블루베리와 초화를 주변에 함께 식재한다. 채소와 함께 메리골드, 마가렛, 카모마일을 함께 식재하면 시각적 균형이 좋다. 이 외에도 채소 식물끼리 혼합 식재를 시도해보는 것도 좋다.

잎채소의 질감이 꽃보다 아름답다.

화단처럼 혼식한 키친가든이 흥미롭다.

김장배추가 풍성하게 자란 텃밭

장식적 요소를 가미한 포멀가든 키친가든

5. 자연주의 식재 스타일

자연주의 식재는 최근 정원 트렌드의 중심에 있다. 자연주의 식재의 등장은 거트루드 지킬 Gertrude Jekyll 1843-1932의 영국식 초화 화단의 개발 이후 역사적으로 새로운 양식의 초화식재기법New Perennial Movement이 탄생했다는 평을 할 정도로 각광받았다. 이 양식은 영국식 초화 화단의 식재 방식보다 정원을 훨씬 더 자연에 가깝게 연출한다. 중요한 것은 그렇다고 해서 자연 상태를 있는 그대로 복제하는 게 아니라는 점이다.

자연주의를 표방하나 이해도가 낮은 이들이 흔히 하는 실수는 정글처럼 무작위로 식물을 심어 놓고 정리되지 않은 카오스 상태를 내추럴 가든이라고 하는 것이다. 그러나 자연주의 식재는 어디까지나 세심한 식재 조합을 통해 의도적으로 부드러운 아름다움을 연출한 것이다. 말하자면, 식재 조합 스타일이나 색상, 색감 등을 '자연으로부터 영감을 받은' 디자인이다.

자연주의 식재는 다년생 초화에 가장 중점을 두고 초화와 그라스를 큼지막한 크기로 모아심기 한다. 마치 오케스트라를 연주하듯 색상과 질감의 아름다운 흐름이 하모니를 이루도록 적절히 조합한다. 다년생 초화와 그라스의 색상, 질감, 잎과 꽃 또는 열매가 맺힌 모양, 계절적 변화의 과정과 절정의 순간, 땅과 대기, 그리고 빛이 만들어내는 조화를 즐겨보자.

자생성이 좋은 초화를 선택하는 것이 좋다. 주어진 생태 조건에서 자생성이 좋아야만 초화가 잡초 등의 억센 식물들을 이기고 살아남을 수 있기 때문이다. 부지나 토양 상태를 잘 파악했다면 그곳에 맞는 식물을 심고 스스로 적응하여 자라나도록 둔다. 그렇게 하면 마치 그곳에 원래 있던 꽃밭과도 같은 풍경이 펼쳐진다.

네덜란드의 피에트 오돌프Piet Oudolf 1944- 는 매우 다양한 식생 조합을 시도한 원예가로 유명하다. 그의 정원은 그야말로 식재 디자인의 비법이 가득한 보물 창고와도 같다. 특히 그의 저서 『식재 디자인』에서 자연주의 식재에 대해 다음과 같은 팁을 소개한다.[4]

4 Piet Oudolf, Noel Kingsbury(2005), 『Planting Design: Gardens in time and space』, Timber Press

자연주의 식재

1. 다년초를 사용하라Use Perennials

2. 정원의 성숙을 위한 시간과 공간이 필요하다Need time and space

3. 야생의 분위기를 연출할 식물을 사용하라Use of plants with wild character

4. 자연의 식생 패턴에서 영감을 얻어라Nature-inspired planting patterns

5. 자생 식물을 이용하라Use of native plants

6. 정형적인 모습을 피하라Avoiding formality

7. 생물 다양성을 추구하라Biodiversity

8. 생태 환경에 맞게 하라Ecological fit

9. 다이나믹한 식재 계획을 하라Dynamic planting

여기에 더하여 필자는 다음과 같이 자연주의 식재 스타일을 연출하여 고려해야 할 점을 권하는 바이다.

1. 그라스와 사초莎草식물로 정원에 질감과 운동감을 더한다.

훌륭한 자연주의 정원에는 공통점이 있다. 다년생 초화가 주를 이루기는 하지만 그라스와 사초莎草식물로 질감의 변주를 주어 바람결에 따라 물결치는 운동감을 부여한다. 이들은 3, 5, 또는 더 큰 단위의 그룹으로 모아심기를 한다.

2. 식물의 개화기와 색조, 변화, 잎의 모양과 패턴을 숙지하고 이해한다.

자연주의 식재 스타일에서 색상과 식재의 리듬감, 비율은 매우 중요하다. 한가지 요소가 지나치게 지배적이지 않도록 유의해야 한다. 균형 잡힌 식재를 위해 식물의 색과 꽃을 피우는 시기, 잎의 모양과 패턴, 변화 과정 등을 모두 확인한다. 여러 요소를 안배하기 위해 자연주의 식재는 때때로 큰 규모의 공간을 필요로 한다.

자연주의 식재

3. 계절적 변화를 고려해 초화의 종류와 식재 방법을 선택한다.

여러 가지 빛깔을 섞어 정원에 색의 물결을 만들어내는 일은 너무나도 즐겁다. 가급적 가을에 황금빛을 띠는 그라스류들을 심으면 여름에는 녹음을, 가을에는 금빛 정원을 누릴 수 있다. 계절적인 임팩트를 위해 알리움과 같은 구근을 활용하기도 한다. 초화는 화기花期가 길고 꽃이 진 늦가을이나 겨울에도 모양이 아름다운 수종이면 더욱 좋다. 그러나 지나치게 이웃 식물을 침범하며 넓은 부지에 번지면 관리가 어렵기 때문에 적당한 자생력을 가진 초화로 선택하자.

4. 땅과 토양의 조건에 맞는 자연주의 식재 스타일을 구현한다.

초화는 대부분 양지바르고 배수가 좋은 환경에서 자란다. 그러나 앞서 살펴보았듯 습지나 건조한 곳, 그 외 특수한 환경에 맞춘 식재 디자인은 얼마든지 가능하다. 자연주의 식재 역시 주어진 기후와 환경에 적합한 화단으로 꾸밀 수 있도록 충분한 조사를 진행하자.

5. 정형의 생울타리와 토피어리, 교목으로 시각적 변화를 준다.

자연주의 식재는 큰 정원이 제격이지만, 자칫 밋밋한 느낌을 줄 수도 있다. 그렇기에 정형의 생울타리나 토피어리로 장식하여 시각적인 변화를 연출한다. 또한 초화의 물결 속에 크고 멋진 교목을 군데군데 식재하면 톡톡 튀는 스타카토와 같은 리듬감이 생긴다.

자연스러운 초원을 연상시키는 자연주의 화단의 식재 설계는 깊은 원예 지식과 미적 감각이 필요하다.

겨울에도 아름다운 자연주의 화단

오래보아도 편안한 자연주의 화단

초원 식재에 좋은 식물

- [ ] 꽃양귀비
- [ ] 데이지
- [ ] 금계국
- [ ] 루드베키아
- [ ] 감국
- [ ] 벌개미취

메모

6. 초원 식재 스타일

초원 식재 스타일은 크게 두 가지로 나뉜다. 자연적으로 생겨난 초원처럼 보이도록 경작된 식물이 자라는 초원이다. 정원디자이너의 개입이 들어간 초원은 어디까지나 설계 정원이다.

본래 자연적인 초원은 들판이든 정원 뒤 긴 풀밭이든 다양한 종류의 꽃과 그라스가 있기 마련이다. 위치에 따라 다양한 식생 혼합이 나타난다. 초원 식재 스타일은 야생 있는 그대로의 느낌을 주되, 실제로는 어떤 식재 스타일보다도 세심한 계획이 필요하다. 초원 식재는 섬세한 혼합과 함께 좀 더 미묘하고 은은해야 한다. 자연 발아가 쉬운 씨앗을 뿌려서 인공 초원을 만들기도 하는데, 이때 너무 많은 종류의 씨앗을 혼합하지 않도록 유의하자.

인공 초원의 경우 계절적인 절정을 의도적으로 연출할 수 있다. 넓은 면적에 계절적인 연출을 위해 단일 수종을 식재하여 특정 시즌 효과를 의도하기도 한다. 구근을 초원에 자연스럽게 난 듯한 느낌으로 식재하기도 한다. 예를 들어, 봄에는 꽃양귀비가 잡초 사이에 흐드러지도록 하거나 여름에는 데이지로 들판을 가득 채우고, 가을에는 감국으로 물들인다.

초원 정원의 핵심적인 관리 중 하나는 연중 적당한 시기에 초원을 전지해주고 청소해주는 것이다. 여러 수종이 혼합되어 있기 때문에 깔끔한 정리는 생태계 주기를 일정하게 유지하는데 도움이 된다. 1-2년생 초화, 다년생 초화, 그라스 등 자연적 수종의 다양성을 담아낼 수 있도록 한다. 과하게 한 종이 지배적이면 전체가 망가질 수도 있기 때문이다.
우리나라의 경우 장마가 지나면 잡초가 지나치게 왕성하게 자라기 때문에 이 시기에 세력이 약한 수종들이 많이 도태된다. 따라서 혼합 식재를 여러 경우의 수로 만들어 잘 적응하는 종류를 골라내자.

씨앗 파종으로 넓은 면적을 식재하려면
잡초와의 경쟁에서 살아남을 식물로 선별해야 한다.

루드베키아가 잡초와 어우러져 더욱 야생적인 초원을 연출한다.

우리 야생화로 연출한 자연 화단

잎이 크고 구조적인 모던한 분위기를 연출하는 식물

- ☐ 피마자
- ☐ 머위
- ☐ 칸나
- ☐ 토란
- ☐ 다알리아
- ☐ 유카
- ☐ 소철
- ☐ 꽃생강
- ☐ 야자나무

메모

7. 잎이 아름다운 식재 스타일

전통적으로 정원에 심을 식물을 고르는 중요한 기준은 꽃의 모양과 색상이었다. 그러나 최근의 새로운 트렌드는 잎에 대한 관심사다. 독특한 질감과 형태는 모던한 분위기를 연출하는데 매우 유용하다. 잎이 아름다운 식재 스타일은 식물 각각의 잎이 가진 질감의 대비와 꽃의 화합이 매력적이다. 이 식재 스타일은 이국적인 정취를 내고 극적인 효과와 경쾌한 인상을 준다. 잎의 크기와 질감이 주는 느낌을 극대화하기 위해 과감하게 밀도를 높인 식재 디자인을 볼 수 있다.

다만 열대식물은 우리나라에서 월동이 어렵다. 이런 경우 식물을 온실에서 재배해 내다 심는다. 봄에는 서리가 지난 후 야외로 옮겨 심고, 가을에는 첫 서리 전에 다시 안전한 온실로 옮긴다.

그럼에도 불구하고 우리나라에서는 비교적 열대식물의 소비가 많은 편이다. 거주 문화의 특성상 야외 정원보다 실내 정원 소비가 더 크기 때문이라 추측된다. 그러나 열대식물만으로 실내 연출은 쉽지 않다. 대부분이 강하고 억센 질감을 가지고 있어 과하게 사용할 경우 시각적인 충돌이 생기기 때문이다. 곱고 자잘한 질감의 식물을 더하여 중화시키면 감각적인 식재 연출을 할 수 있을 것이다.

잎이 크고 질감이 강한 식물은 모던한 정원에도 잘 어울린다.

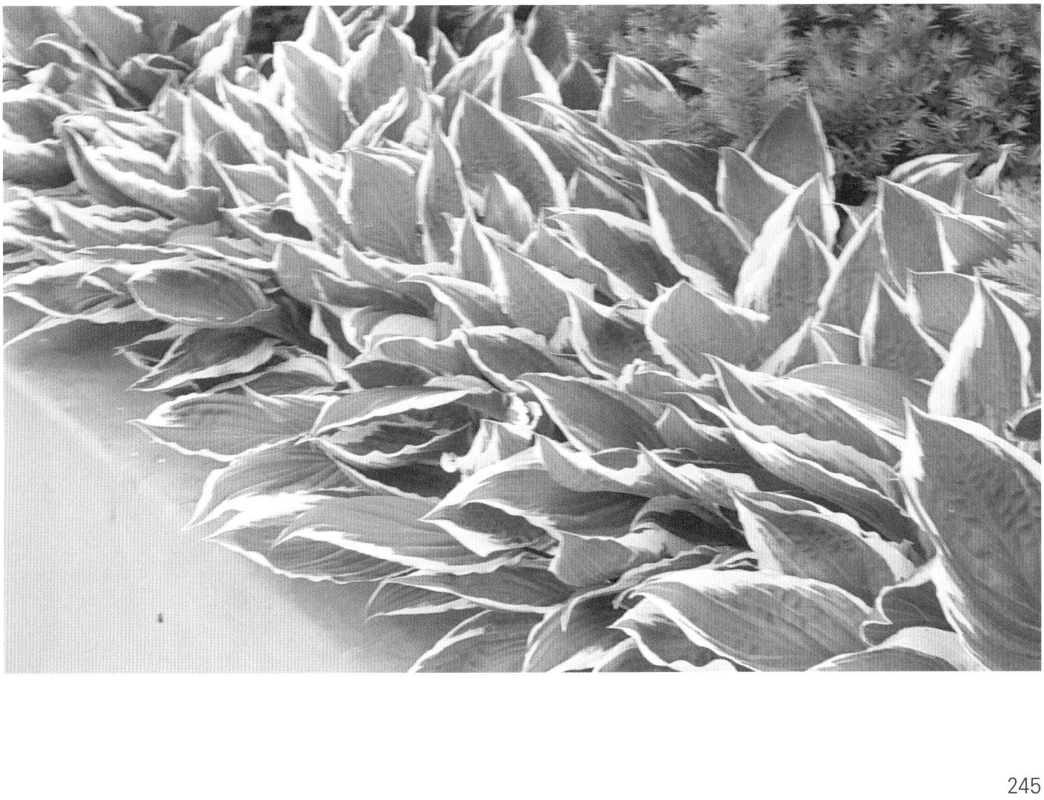

8. 포멀 식재 스타일

본래 포멀 가든은 대부분 회양목이나 잔디로 화단의 모양을 만들고 화단 내부에는 자갈이나 키 작은 지피식물을 쓴다. 기하학적이고 대칭적인 레이아웃에 많이 적용한다. 전통적인 포멀 가든에 관심이 있다면 프랑스와 이탈리아 정원을 살펴보면 된다.

현대로 오면서 점차 유럽 내에서 영국식 플라워 가든이 유행하게 되어 전통적인 포멀 가든 식재에 변화가 생기게 되었다. 단정한 대신 자칫 지루할 수 있는 포멀 가든의 단점을 보완하기 위해 화사한 초화를 더한다. 포멀 가든의 레이아웃 형태를 가리지 않는 선에서 꽃의 양을 조절한다. 튤립과 같은 구근이나 화기가 긴 일년초를 권장한다. 포멀 가든은 컬러링북을 채워나가듯 계절마다 색상 테마를 바꿔 화단을 꾸미는 즐거움이 있다. 다년초를 식재하더라도 화려함을 포기할 이유는 없다. 그라스류와 같이 질감이 부드럽고 잎이 다채로운 수종들을 심으면 딱딱한 프레임과 대비되어 충분히 화단이 화려해 보인다.

포멀가든의 식재는 패턴이 묻히지 않도록 유의한다.

포멀가든의 식재로는 키가 작거나 잎의 질감이 독특하여 돋보이는 식물들이 좋다.

9. 모던 미니멀리즘 식재 스타일

20세기 초 독일 바우하우스 스쿨에서 주창된 모더니즘이 정원에도 영향을 끼치게 되면서 콘크리트, 스틸, 그라스 등의 인공적 소재들이 정원에 도입되었다. 빛과 그늘의 느낌을 잘 나타낼 수 있는 무채색이며 직선적인 특징이 강한 기하학 형상이 많다. 포멀 가든의 특징과 산업적 소재들이 결합되어 모던 스타일이 정립되었다. 산업 혁명 이후 등장한 신소재들은 전통적인 정원에서는 상상할 수 없는 아이디어를 구현할 수 있도록 해주었다.[5]

모던 식재 스타일은 전통적인 코티지 스타일과는 정 반대로 극단적인 간결함을 추구하게 된다. 미니멀리즘적인 식재 형태를 추구하게 되면서 단일 식물 군집 식재 디자인이 자주 보이게 된다. 특히 수직적이고 구조적인 느낌이 강한 식물을 주로 사용한다. 식물의 전체적인 형태나 구조를 색상만큼이나 중요하게 여기기 때문에 잎의 질감이 두드러진 식물을 많이 쓰게 된다. 강한 형태의 토피어리도 중요한 소재 중 하나다. 봄여름의 꽃과 잎, 수피, 가을철의 단풍, 겨울철에 잎이 지고 가지만 있을 때의 수형 등 골고루 매력을 뽐낼 수 있는 수종 역시 모던 정원에 잘 어울린다. 포인트 식물 주변으로 큼지막하게 그라스를 군집으로 식재하고 사이에 알리움을 식재한다. 경우에 따라서는 둥근 회양목을 공처럼 배치하고 군데군데 부드러운 털수염풀을 둬 대비효과를 의도한다. 이러한 식재 디자인은 간결하나 질감과 모양도 아름다운 화단이 된다.

간결한 느낌을 연출하기에는 단일 식물 식재가 쉽다.

5 Andrew Wilson(2013), 『RHS Small Garden Handbook』, Mitchell Beazley

미니멀하지만 지루하지 않게 디자인하는 것이 모던 가든 식재의 핵심이다.

10. 컨테이너 식재 스타일

컨테이너 화단은 발코니, 파티오, 창문가 옥상 정원처럼 화단이 없는 장소나 장식적인 화분을 설치할 때 만든다. 또한 꽃이 없는 계절이 구근류를 미리 화분에 심어 정원을 일찍 장식하거나 늦게까지 화려함을 유지하도록 하는데 유용하다. 꽃이 져서 비어있는 화단에도 화사하게 꽃이 피어있는 화분을 갖다 두면 공간을 효과적으로 채울 수 있다.

컨테이너 화단은 일반적인 토양 화단보다 촘촘하고 화려하게 심어야 한다. 또한 화분에 심는 나무는 너무 크지 않은 종류가 좋다. 상록 관목을 토피어리로 다듬어 장식하기도 한다. 나무 대신 화기가 긴 식물과 상록성의 초화를 함께 심는 것도 효과가 좋다. 꽃이 없는 시간에도 모습을 유지할 수 있기 때문이다. 화분이라고 해서 대충 심으면 안된다. 자칫 흉한 애물단지가 될 수 있기 때문에 반드시 원하는 느낌을 명확하게 정의하고 기획하자.

용기에 식재하는 컨테이너 식재도 화분을 여러개 모아 화단처럼 만들 수 있다.

모아둔 화분과 오브제가 멋지다.

잎이 고운 상록수와 잎이 크고 질감이 강한 식물의 조화가 시원하다.

고운 질감의 다년초를 모아 심은 화분이 자연스럽고 편안하다.

풍성한 수국은 화분 식재에 적합하다.

꽃의 색이 진한 일년초는 화분 식재에 최적화된 소재이다.

제 10장

제 10장 정원의 컬러 테마에 따른 식재 디자인

"정원을 만들 때 좋은 식물을 많이 가지고 있는 것은 식물을 수집하는 것이지
식물 수집 자체가 아름다운 정원을 만들지 않는다.
좋은 식물을 모으는 것은 화가가 여러 가지 물감을 모아두는 것과 같고,
좋은 식물을 아무렇게나 빈 화단 공간에 심는 것은
물감을 팔레트 위에 아무렇게나 펼쳐놓은 것과 같다.
그것만으로는 그림이 될 수 없다.
우리가 정원을 만들 때는
눈이 즐거운 멋진 그림을 그리듯 식물을 심어야 한다."

-거트루드 지킬Gertrude Jekyll, 1908, Colour in the Flower Garden, Country Life

다채로운 색상은 정원에 생기를 불어넣는다.

1. 식물의 색상과 식재 디자인

식재 디자인에 있어 식물의 색상은 가장 일차원적이면서도 중요한, 그러나 공부할수록 까다로운 디자인 요소다. 색상은 시선을 끌고, 감성을 자극하고, 분위기를 연출하고 특별한 효과를 더한다. 일반적인 그래픽 디자인과 정원 디자인의 차이는 같은 식물이더라도 사시사철 색이 변한다는 점이다. 따라서 계절별 변화를 상상하며 꽃의 색상 외에도 잎과 줄기의 색도 함께 고려해야 한다. 정원 식재의 컬러 테마는 개인의 취향도 있지만 정원의 환경과 위치, 기후나 스타일, 정원의 사용 목적 등에 큰 영향을 받는다.

색의 기본

본격적으로 식물의 컬러 테마를 살펴보기 전, 색에 대한 기본을 잠시 살펴보고 가자. 하나의 색은 색상, 명도, 채도, 톤으로 이루어져 있다. 색상은 말 그대로 빨강, 노랑, 파랑과 같이 색의 이름, 즉 컬러를 말한다. 흔히 알려진 빛의 기본 3색은 RGB, 즉 빨강, 초록, 파랑이지만 색상환에서의 기본 3색은 빨강, 파랑, 노랑이다. 이 삼색을 기준으로 주황, 초록, 보라와 같은 중간 계층 컬러들이 파생된다. 이들을 이차 색상이라 하며 색상환 반대편에 있는 두 가지 색상을 보색이라 한다.

명도란 말 그대로 밝고 어두움을 말하는데, 하나의 색상 안에서 흰색과 검정색이 얼마나 섞이느냐를 의미한다. 흰색이 많이 섞인, 즉 명도가 높은 컬러를 틴트라고 하며 반대로 검정이 많이 섞여 명도가 낮아지면 쉐이드라고 한다.

명도: 빛이 밝고 어두운 정도

채도는 한 색상의 맑음과 선명한 정도를 말한다. 조금 더 쉽게 이해하자면 하나의 색이 원색부터 무채색이 되기까지의 탁한 정도를 가르키는 말이다. 톤은 특정한 색상을 일컫는 것이 아니라 색상 그룹의 분위기를 말한다. 흔히 말하는 비비드Vivid하다, 라이트Light하다, 페일Pale, 덜Dull하다 등의 묘사를 생각하면 된다.

채도: 색이 맑고 탁한 정도

세상의 모든 색상은 고유의 온도를 띤다. 색은 따뜻한 계열과 차가운 계열로 나뉜다. 그러나 붉은 색이라고 해서 모두 따뜻하거나 파랑이라고 해서 모두 차가운 계열인 것은 아니다. 빨강이라도 노랑이 가미된 따뜻한 다홍색인지, 혹은 파랑이 더 가미된 차가운 자줏빛인지에 따라 전혀 다른 결과로 이어진다.

따뜻한 색상들은 경쾌하고 생동감 넘치는 분위기를 가지고 같은 면적이라도 확대되어 보인다. 즉, 공간이 작은데 너무 강렬한 톤을 활용하면 오히려 시각적으로 경계가 가깝게 느껴져 좁아 보일 수 있다는 것이다. 반대로 차가운 색상들은 차분하고 격조 있는 분위기를 연출하는 대신 같은 면적이라면 시각적으로 거리가 멀어 보인다. 즉, 너무 큰 공간에 차가운 색상을 활용하면 웅장한 대신 아늑한 느낌은 주기 힘들다.

흰색, 검은색, 회색의 무채색은 정확히 따지자면 색상과 채도가 존재하지 않고 명도만 존재하는 값이므로 색이라고 하지 않는다. 단일한 색상을 사용한다는 의미의 모노톤 혹은 모노크롬이라는 단어를 블랙앤화이트의 동의어로 잘못 사용하는 경우가 상당히 많은데, 이는 전혀 다른 개념이니 주의하자.

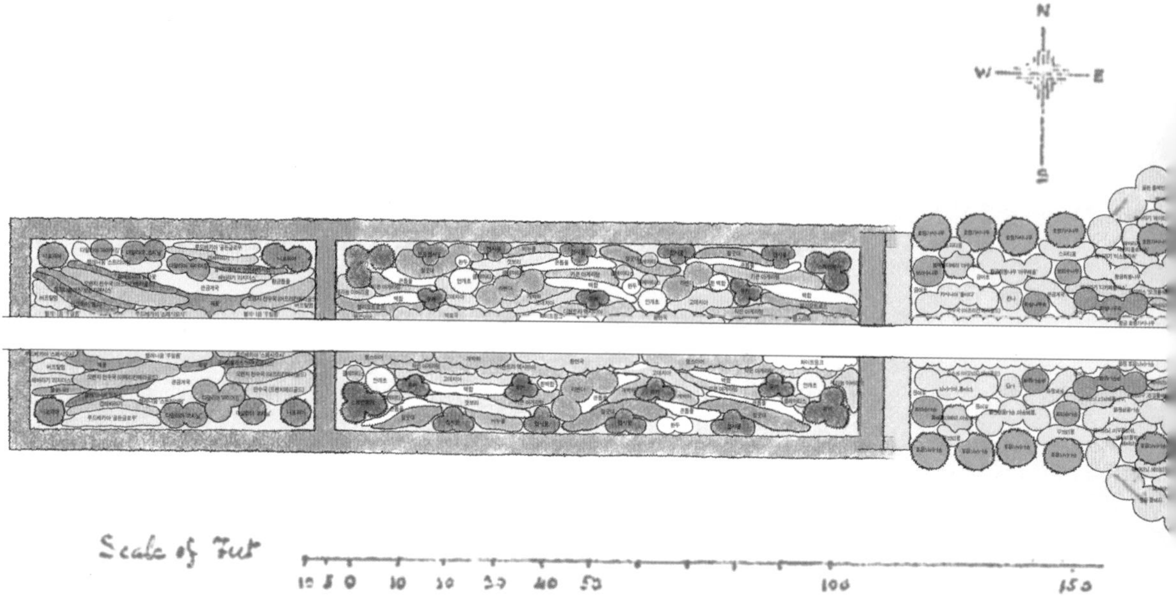

정원의 색

색의 기본을 이해했다면 이를 정원에 적용하는 방법을 하나씩 살펴보자.

거트루드 지킬은 식재 디자인에서 식물의 색상을 가장 중요한 요소로 보았다. 색상환을 활용하여 따스한 화단과 차가운 화단을 효과적으로 디자인하였다. 그녀가 생을 마감할 때까지 지낸 먼스터드 우드 하우스Munstead Wood House의 긴 초화 화단을 보면 지킬이 얼마나 식물과 색에 대한 이해도가 높은지를 알 수 있다. 화단 중앙의 따뜻한 색상 화단으로부터 양 끝의 점점 차가운 색상 계열로 부드럽게 연결된 색의 물결은 환상적인 그라데이션을 만든다.

식재 디자인의 색상 테마를 정할 때는 개인의 선호도 있지만 정원 스타일이나 컨셉에 맞는 색상이 우선시 되어야 한다. 식물의 색상이라 함은 꽃뿐만 아니라 잎의 색도 중요하게 작용하므로 식물 간 조합을 할 때는 세심한 고려가 필요하다.[1]

1 Tony Lord, Andrew Lawson(2003), 『RHS Encyclopedia of Planting Combinations』, Mitchell Beazley

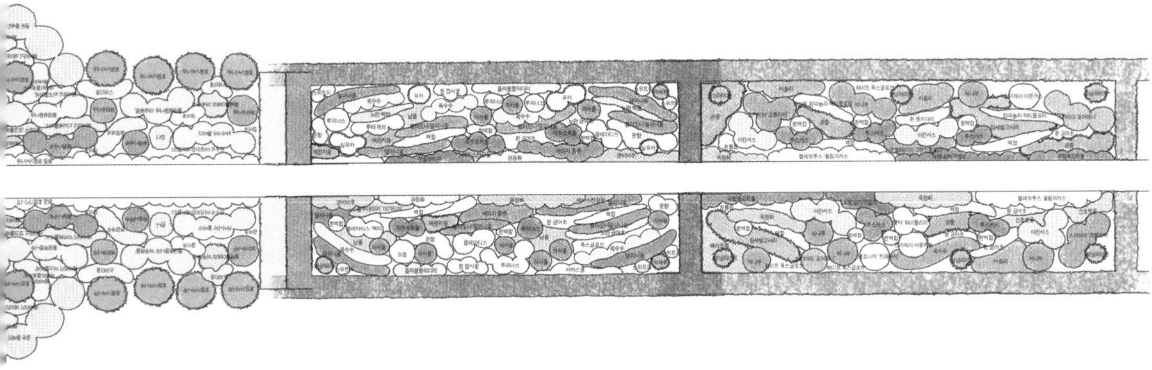

거트루트 지킬은 정원의 식재 요소 중 색상을 가장 중시하였다.

정원은 셀 수 없이 많은 요소가 유기적으로 얽혀있기 때문에 색상이 단순하게 독립되어 있는 경우가 거의 없다. 대부분의 꽃이 자신의 잎을 배경으로 하여 두드러지고, 줄기의 색상도 각자 다르고 심지어 꽃마저도 피기 전과 후, 그리고 진 후의 색감이 지속적으로 변한다. 하나의 식물에서도 여러 음영이 만들어져 색상 이론을 즉각적으로 반영하기는 거진 불가능하다.

메인 컬러 식물이 각 계절마다 화단의 30-50%을 차지해야만 그 색상 테마를 적절히 구현하였다고 볼 수 있다. 여러 시즌에 걸쳐 색상 테마가 유지되어야 할 정도로 화단을 유지한다. 그런데 기후에 따라 식재를 바꾸며 이를 구현하기란 쉽지 않다. 필자는 구근을 활용할 것과, 일년초 보식을 권한다. 만약 어떤 식물의 잎이 메인 컬러에 해당된다면 한 계절 내내 제 몫을 해낼 수 있다.[2]

일반적으로 배경이 되는 식물은 부드럽고 톤이 낮은 식물을 선택하며, 강조점이 되는 원색이나 강한 톤의 색을 선택하다. 동일색 계열의 배합, 보색 계열의 배합, 다양한 색의 조합을 식재 디자인에도 적용하면 된다.

---

2 Tony Lord, Andrew Lawson(2003), 『RHS Encyclopedia of Planting Combinations』, Mitchell Beazley

2. 컬러별 식재 디자인

i. 단색 식재 디자인

단색 테마의 화단은 비교적 만들기가 쉽고 매우 강한 분위기를 연출할 수 있다. 단색이라도 색상의 톤 변화나 식물의 형태나 질감의 대비로 흥미로운 시각 효과를 낼 수 있다. 단색 화단은 계절적 포커스를 주는 용도로 많이 쓴다. 일년초 위주로 정원의 일부, 잔디 가장자리의 장식 화단이나 아일랜드 화단으로 만든다. 구근의 식재 계획을 할 때 농담이 다른 단색의 조합도 시각적으로 매우 큰 즐거움을 준다.

단색 테마의 가장 일차원적이고 일반적인 형태는 단일 식물 화단이다. 넓은 면적에 코스모스, 황화코스모스, 꽃양귀비 등 강렬한 색상의 일년초를 파종 식재한다. 이렇게 하면 꽃이 만개하는 한 계절 동안 강렬한 정원을 즐길 수 있다. 그러나 짧은 개화 시기 외의 시간 동안 공간이 비어버릴 수 있다는 단점이 있다. 따라서 매 시즌마다 볼거리를 마련해야 한다.

단색 테마를 보다 심화되고 고급스러운 화단으로 만드려면 비슷한 색상의 다양한 식물을 섞어 심으면 된다. 중요한 점은 색상이 통일되어있는 만큼 형태와 질감으로 시각적 리듬을 만들어내야 한다는 것이다. 다년생 식물로 만든 단색 화단에 그라스류와 상록수 조합을 곁들이면 지루함을 상쇄시켜 균형을 잡아준다.

우리나라에서 가장 대중적이며 인기가 많은 단색 테마는 흰색 화단이다. 그 외에도 이른 봄이나 가을 화단으로는 옐로우 테마가, 늦여름 화단으로는 레드가 상당히 매력적이다. 다만 레드처럼 그 자체로 힘이 강한 컬러라면 자칫 지나치게 조잡하거나 촌스러워 보일 수 있으니 유의한다. 블루 테마도 은은하고 고급지지만 식재 조합이 비교적 난이도가 높은 편이다. 최근에는 독자적인 컨셉이나 키치한 분위기를 추구하는 의뢰인도 많아져 과감하게 퍼플이라든지 블랙 화단도 인기가 상당하다.

짙은 분홍색의 작약이 넓은 정원을 환하게 밝혀준다.

ii. 화이트 식재 디자인

우리나라에서는 흰색에 대한 선호도가 매우 높다. 화이트는 어떤 색상과도 합이 좋고, 단독으로 활용했을 때는 단아하고 청초하다. 섬세하게 설계한 화이트 식재 디자인 정원은 굉장히 고급스럽다. 하지만 완전한 흰색은 지나치게 평범할 수 있다. 오히려 크림색이 살짝 섞인 화이트가 보기에 편하다. 이때 은빛 식물군을 살짝 섞어 변주를 줘도 좋다.

하지만 다른 색상 테마 화단의 식물들과 화이트 계열의 식재를 혼합할 경우, 그 비율을 매우 절제해서 사용해야 한다. 녹음 속에서 흰 꽃은 상당히 눈에 띈다. 따라서 작은 화단에 흩어 심으면 오히려 공간이 지저분해 보인다. 화이트는 옐로우, 오렌지, 레드 계열 등과 함께 심으면 이 색상들이 두드러져 보이게 된다. 차분하고 가라앉는 색상 화단에도 화이트를 적절하게 더하면 다른 꽃들을 화사하게 밝혀준다. 흰색 꽃이 다른 더 가라앉는 부드러운 색의 꽃을 제압할 수 있기 때문이다.[3]

3 Tony Lord, Andrew Lawson(2003), 『RHS Encyclopedia of Planting Combinations』, Mitchell Beazley

단아하고 정갈한 화이트 가든이 고급스럽다.

iii. 실버·그레이 식재 디자인

프랑스 인상주의 작곡가 드뷔시Claude Debussy 1862-1918는 종종 "음악은 음표 사이의 공간"이라 말했다. 어떤 것이 넘칠 듯이 가득 차 있다면 그 옆에는 숨을 쉴 수 있을만한 여백을 남겨두는 것. 이는 모든 예술에 적용되는 말이라 생각한다. 정원의 아름다움은 식물과 식물 사이의 관계성에서 나오기 때문이다.

정원 식재 디자인에서 화단 내 여백을 추가하는 방법 중 하나는 은색 또는 회색 색상 식물을 사용하는 것이다. 실버·그레이 식물들은 강렬한 색상 화단에 소량을 심으면 그 색상을 더욱 돋보이게 도와주고, 보다 적절한 양을 섞으면 과하게 두드러지는 색상을 부드럽게 중화시켜준다. 따뜻한 계열이든 차가운 계열 어디에든 어울린다. 특히 블루와 실버·그레이는 합이 좋다. 특히 실버가 가미된 블루 계열 식재는 다른 색상을 돋보이게 해주기 때문에 실버 화단은 물론 어떤 컬러와도 합이 좋다.

식재 디자인의 대가 거트루드 지킬은 화이트, 실버, 그레이 식재 디자인을 상당히 좋아했다. 그녀의 디자인에서 종종 회색 잎을 가진 램스이어로 화단 가장자리를 장식하는 걸 볼 수 있다. 지킬은 자신이 만든 대부분의 정원에 그레이 화단을 만들었다. 따로 그레이 화단을 낼 수 없더라도 화단 곳곳에 실버·그레이 식물을 식재하여 포커스를 주었다.

실버·그레이 식물

☐ 램스이어	☐ 에델바이스	☐ 쿠션부쉬
☐ 러시안세이지	☐ 하설초	☐ 상록패랭이
☐ 캣민트	☐ 멀레인	☐ 코튼라벤더
☐ 에린지움	☐ 에키놉스	☐ 아티초크
☐ 은쑥	☐ 세덤	☐ 은사초
☐ 우단동자	☐ 커리플란트	☐ 멜리안투스
☐ 잉글리쉬라벤더	☐ 유카	☐ 큰지느러미엉겅퀴

그레이 화단에서는 다양한 은색의 식물을 모아 심기 때문에 개화 시기에는 꽃의 색이나 모양이 다채로운 편이다.

iv. 그린 식재 디자인

많은 디자이너들이 초록색들의 조합을 거진 상록수의 조합의 동의어로 사용한다. 하지만 상록수가 아니더라도 꽃이 없는 그린 식물들만의 조합도 포함된다는 것을 유의하자. 다양한 질감과 색, 형태를 가진 상록 식물의 조합은 사계절 모두 즐길 수 있다는 장점이 있다. 상록이라 하더라도 미묘한 색감 차이는 분명히 존재한다. 은빛을 띠는 상록, 황금빛 상록 모두 미묘하게 다른 분위기를 준다. 여기에 섬세하게 다듬은 토피어리 상록수까지 활용한다면 초화 없이도 충분히 아름다운 정원을 만들 수 있다. 그린 콤비네이션은 특히나 겨울이 길고 매우 추운 우리나라에서는 또 하나의 훌륭한 선택지이기도 하다.

다양한 톤을 가진 상록 식물의 조합은 형태와 함께 어우러져 정원의 포커스 요소가 된다.

3. 무드별 식재 디자인

i. 차분하고 차가운 식재 디자인

차분하고 차가운 컬러 테마는 기본으로 블루, 연한 보라, 그린을 말한다. 이 범주의 색은 그늘에서 그 색상이 더욱 두드러지고 저녁 시간 밝은 빛이 조금 누그러졌을 때 본연의 색이 가장 아름답게 빛난다.

블루, 화이트, 빛바랜듯한 보라 계열의 색상은 그늘 아래, 저녁 시간, 흐린 날에 더욱 돋보인다. 특유의 차분한 분위기로 편안히 휴식을 취하고 싶어지는 정원으로 만들어준다. 블루 계통의 식재들은 공간을 여백처럼 비어 보이도록 만들어 비교적 정원이 넓어 보일 수도 있다. 그러므로 작은 정원일수록 차분하고 차가운 컬러 테마의 식재 디자인을 권장한다.[4]

블루·바이올렛 파장은 시각적으로 힘이 강하지 않은, 다른 말로 두드러지지 않는 색이기 때문에 화단을 이 두 색상으로만 꾸미면 과하게 분위기가 가라앉을 수도 있다. 따라서 다른 포인트 컬러를 더한 컬러 팔레트를 구성하여 이 부분을 보완한다.

블루 테마의 정원이라도 매치하는 색상에 따라 사뭇 다른 분위기가 연출되기도 한다. 예를 들어, 블루와 핑크 조합은 낭만적이며 블루와 화이트는 차갑고 평온한 느낌을 준다. 반면 블루와 옐로우 조합은 경쾌하고 발랄한 정원이 된다.

4 Hilary Thomas(2008), 『The Complete Planting Design Course: Plans and Styles for Every Garden』, Mitchell Beazley

차분한 블루와 보라색의 꽃이 화사한 정원

ii. 열정적이고 강렬한 식재 디자인

강렬한 색상 조합은 화려한 정원을 만들려는 사람들에게 인기가 있는 테마다. 가장 일반적인 조합으로 레드, 오렌지, 옐로우가 있다. 색상환 위에 근접한 색상들의 조합을 유사색 조합이라고 하는데, 이 세 가지 색상 조합은 대표적인 예시라고 할 수 있다. 여기에 자주색의 잎이 아름다운 식물이나 황금빛 혹은 부드러운 갈색 그라스류를 더하면 더욱 극적으로 연출된다.

다만 이 색상들의 에너지는 양날의 검처럼 따뜻하고 활기찬 느낌일 수도 있지만 한편으로는 거칠 정도로 공격적이고 강렬한 느낌으로 다가오기도 한다. 강한 색상은 시선을 끌기 때문에 공간이 좁아 보이며 어수선하고 답답한 느낌을 줄 수 있다. 따라서 작은 정원에는 지나치게 많이 심지 않는 것이 좋다.[5]

레드·옐로우 사이의 컬러들은 시각적 힘이 강하기 때문에 계절적으로 여름과 가을에 잘 어울린다. 더구나 레드와 오렌지색의 꽃들의 대부분이 햇빛을 좋아하여 늦여름과 가을에 개화한다. 늦여름의 칸나 화단이나 다알리아 화단은 이루 말할 수 없이 아름답다. 이 외에도 1-2년생 초화들이 많아서 원하는 식재로 선택하면 된다.

5 Hilary Thomas(2008), 『The Complete Planting Design Course: Plans and Styles for Every Garden』, Mitchell Beazley

노랑색과 오렌지, 레드가 칙칙하던 마을 자투리 공간을 멋지게 변신시킨다.

iii. 화사하고 로맨틱한 식재 디자인

핑크, 블루, 바이올렛의 조합은 화사하면서도 부드럽고 포근하다. 영국 코티지의 로맨틱한 정원을 즐기고 싶다면 이 컬러 테마를 활용하자. 덧붙여 핑크, 블루, 바이올렛 식물 종류는 굉장히 다양하여 어렵지 않게 화단을 만들 수 있다. 파스텔톤 식물을 가미하면 한층 더 로맨틱한 분위기를 느낄 수 있을 것이다. 여기에 마지막으로 은빛 잎을 가진 식물, 흰색무늬 그라스류, 푸른빛이 도는 그라스류를 함께 심으면 더할 나위 없는 정원을 누릴 수 있다. 영국 코티지 가든에서는 달콤한 핑크 장미와 숙근제라늄, 라벤더, 캣민트를 혼식한 조합을 자주 활용한다.

제 11장

제 11장 정원의 질감 테마에 따른 식재 디자인

모든 시각 언어가 그렇듯, 미적 감각을 끌어올리는 또 하나의 중요한 요인은 질감이다. 특히 정원은 같은 색상이더라도 식물의 질감에 따라 또 다른 시각 언어를 띠므로 고려할 것들이 상당히 많다. 중간색이나 파스텔톤은 질감을 유하게 중화시키며 비비드하고 밝은색은 질감을 거칠어 보이게 만든다. 예를 들어, 형태가 삐죽삐죽 거칠더라도 연한 핑크톤의 하늘하늘 질감으로 핑크뮬리는 한없이 부드러운 느낌을 준다.

식재 디자인에서 식물의 질감의 중요성이 주목 받은 지는 얼마 되지 않았다. 전통적으로 정원 디자인은 식물의 색상화 형태에 그 핵심을 두었기 때문이다. 그러나 다양한 텍스쳐를 적절히 조합하면 상당히 감각적이고 완성도 높은 디자인을 할 수 있다. 질감이란 어디까지나 상대적인 느낌이기 때문에 같은 식재 리스트라도 이웃하는 식물에 따라 전혀 다른 효과를 얻을 수 있다.[1] 앞서 컬러 테마 편에서도 언급하였듯, 실버 식물들은 질감 역시 독특한 편이다. 아래 언급된 식재들 외에도 은빛의 개성 있는 질감은 다양하니 취향에 따라 찾아보도록 하자.

식물의 질감은 줄기, 잎, 꽃, 식물이 띠는 모든 색감, 표면 등의 총체적인 요소를 포괄하여 판단한다. 물론, 보이는 부분만이 아니라 식물을 만졌을 때 느껴지는 촉감까지 포함하여 생각할 수도 있으나, 정원의 식재 디자인에 있어서 우선되는 것은 시각적인 성질이다. 거침과 보드라움, 단단함과 부드러움, 두꺼움과 얇음 등의 어떠한 성질의 정도를 말한다. 이 책에서는 식물의 질감 중 가장 기본적인 성질- 거칠고 부드러운-을 살펴보겠다.

질감이 독특한 실버·그레이 식물

- ☐ 램스이어
- ☐ 은쑥
- ☐ 우단동자
- ☐ 에린지움
- ☐ 백묘국
- ☐ 에키놉스

메모

1 Richard L. Austin(2002), 『Elements of Planting Design』, New York: John Wiley & Sons

은빛의 버바스쿰잎

부드러운 털수염풀은 어느 색상 테마나 어느 식물과도 잘 어울린다.

그라스는 독특한 질감으로 정원에 생기를 더한다.

풍지초는 질감과 색이 예쁘다.

거친 질감의 식물

- ☐ 고사리류
- ☐ 토란잎
- ☐ 피마자
- ☐ 칸나
- ☐ 유카
- ☐ 소철
- ☐ 팔손이
- ☐ 알로에
- ☐ 아티초크
- ☐ 수크령
- ☐ 억새류
- ☐ 대나무

메모

1. 거친 질감의 식재 디자인

키친가든의 식재도 질감을 활용하면 지루하지 않게 만들 수 있다.

거친 질감의 식물은 가시성可視性이 좋기 때문에 포인트 식재로 선택하기 좋다.[2] 다듬어지지 않은 듯한 사방으로 뻗어나가는 형태라든지 노이즈가 낀 듯한 표면 등이 그 자체로도 존재감을 가진다. 이국적인 인상의 식물이 많다. 수크령, 억새 등 그라스류나 오죽, 조릿대, 사사 등 대나무 종류는 독특한 잎과 모양을 가지고 있어 적당한 비율로 조절하면 멋스럽게 정원을 치장해준다.
화단에 무게감 있고 강한 중심을 더해줄 때 거친 질감의 식재를 넣어보자. 다만 그만큼 거친 질감의 식물은 공간을 좁아 보이게 만들기도 한다. 따라서 작은 정원에는 거친 느낌의 식물은 아주 절제하여 사용할 것을 권한다.

2 Richard L. Austin(2002), 『Elements of Planting Design』, New York: John Wiley & Sons

강한 질감의 식물 조합은 시원시원한 느낌을 준다.

고운 질감 식물 사이에 거친 질감의 식물을 심으면 그 자체로 주인공이 된다.

거친 질감의 식물과 강한 형태의 상록수 조합이 대담하다.

짙은 자주색 잎 식물과 은색 잎 식물 조합이 좋다.

강한 질감의 식물로 구성한 화단

고운 질감의 식물

- ☐ 핑크뮬리
- ☐ 휀넬
- ☐ 털수염풀
- ☐ 둥근주목
- ☐ 둥근회양목

메모

2. 고운 질감의 식재 디자인

잎이 작거나 반짝거리고, 하늘거리는 식물을 고운 질감의 식재라고 한다. 주목을 받는 정원의 주인공이라기보다는 그 곁을 지켜주는 조연 역할을 한다. 거친 질감과 중간 질감 식재 사이를 연결해주고 과한 시각 효과를 중화시켜준다. 화단에 가볍고 밝은 느낌을 더하는 데 좋다.

거친 질감과 반대로 고운 질감의 식재는 공간을 넓어 보이게 만든다. 하늘하늘한 갈대밭을 떠올려보자. 그 뒤로 넓게 펼쳐진 초원이 있을 것 같지 않은가? 작은 정원에 고운 질감의 식재를 적용하면 심적인 공간감을 확장시킬 수 있다. 한편, 둥근 주목이나 둥근 회양목처럼 토피어리로 다듬어 고운 질감을 가지고 있더라도 단단해 보이게 만들어 유용하게 사용하기도 하니, 이 책에서 소개하는 사용법 외에도 여러 가능성을 열어두고 상상력을 펼쳐보자.

고운 질감의 식물 조합은 부드럽고 편안하다.

부드러운 털수염풀이 식물 사이를 자연스럽게 연결한다.

제 12장

제 12장 식재 디자인 도면 그리기

지금까지 나무와 초화에 대한 소개, 정원 디자인 스타일과 테마 등을 차근차근 살펴보았으니 본격적으로 식재 디자인의 도면을 그리고 설계하는 법을 배워보도록 하자.

식재 디자인 도면은 디자이너와 의뢰인, 시공자가 소통하는데 필요한 가장 기본적인 약속이다. 도면 그리기는 비교적 단순하고 쉬운 작업처럼 보이지만 기본기부터 탄탄하게 쌓아야 한다. 설계부터 시공에 필요한 수많은 정보를 체계적으로 정리할 줄 알아야 하기 때문이다. 디자이너의 의도와 내용을 보는 이에게 정확하게 전달할 수 있도록 명확하게 작성한다.

식재 디자인 도면에는 식재 스타일, 컨셉, 테마, 식물의 이름, 위치, 크기, 수량 등 식재 계획과 관련된 모든 내용이 상세하게 표기된다. 일반적으로는 설계 도면에 식재목록표도 포함하여 작성하지만, 디자인이 복잡할 경우 도면과 별도로 식물 목록을 작성하기도 한다.

도면 작성 순서

1. 입면도- 화단의 실루엣 스케치하기
2. 입면도- 화단 상세 스케치하기
3. 평면도- 화단의 식재 계획도 그리기
4. 식물의 식재 수량 산출하기
5. 화단의 식재목록표 만들기

1. 식재 디자인 도면에 표기해야 할 필수 요소

식재 디자인 도면에는 굉장히 많은 양의 정보를 상세하게 포함해야 하기 때문에 혼란스럽지 않도록 정리가 필요하다. 가독성을 높이기 위해 여러 페이지에 나누어 만들기도 하지만, 가급적이면 한눈에 볼 수 있도록 한 도면에 작성하기를 권한다. 식재 디자인 도면에 표기되어야 할 필수 요소는 다음과 같다.

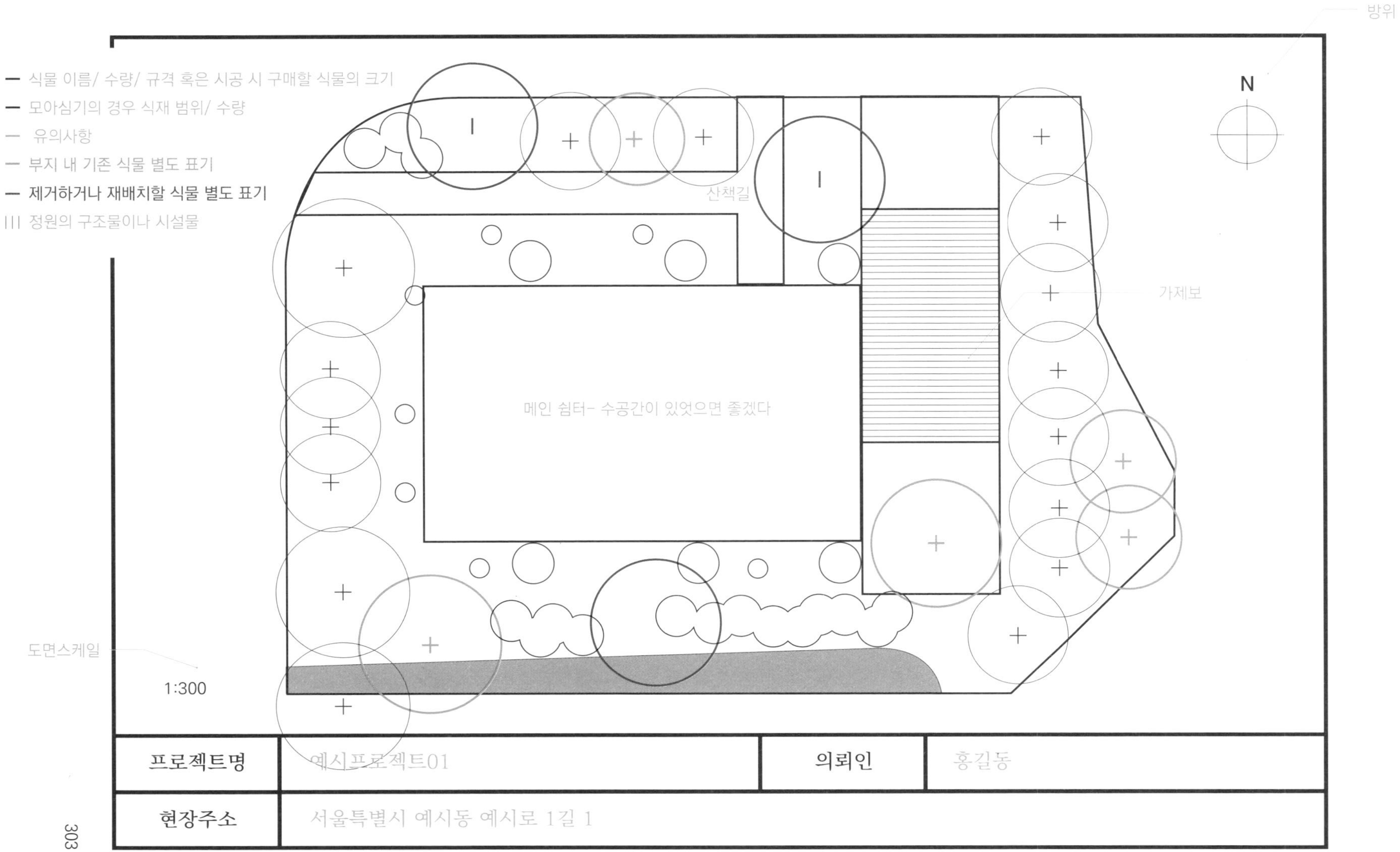
방위
N
식물 이름/ 수량/ 규격 혹은 시공 시 구매할 식물의 크기
모아심기의 경우 식재 범위/ 수량
유의사항
부지 내 기존 식물 별도 표기
제거하거나 재배치할 식물 별도 표기
정원의 구조물이나 시설물
산책길
가제보
메인 쉼터- 수공간이 있었으면 좋겠다
도면스케일
1:300
프로젝트명
예시프로젝트01
의뢰인
홍길동
현장주소
서울특별시 예시동 예시로 1길 1

2021. 12. 31 THURS.

평면도

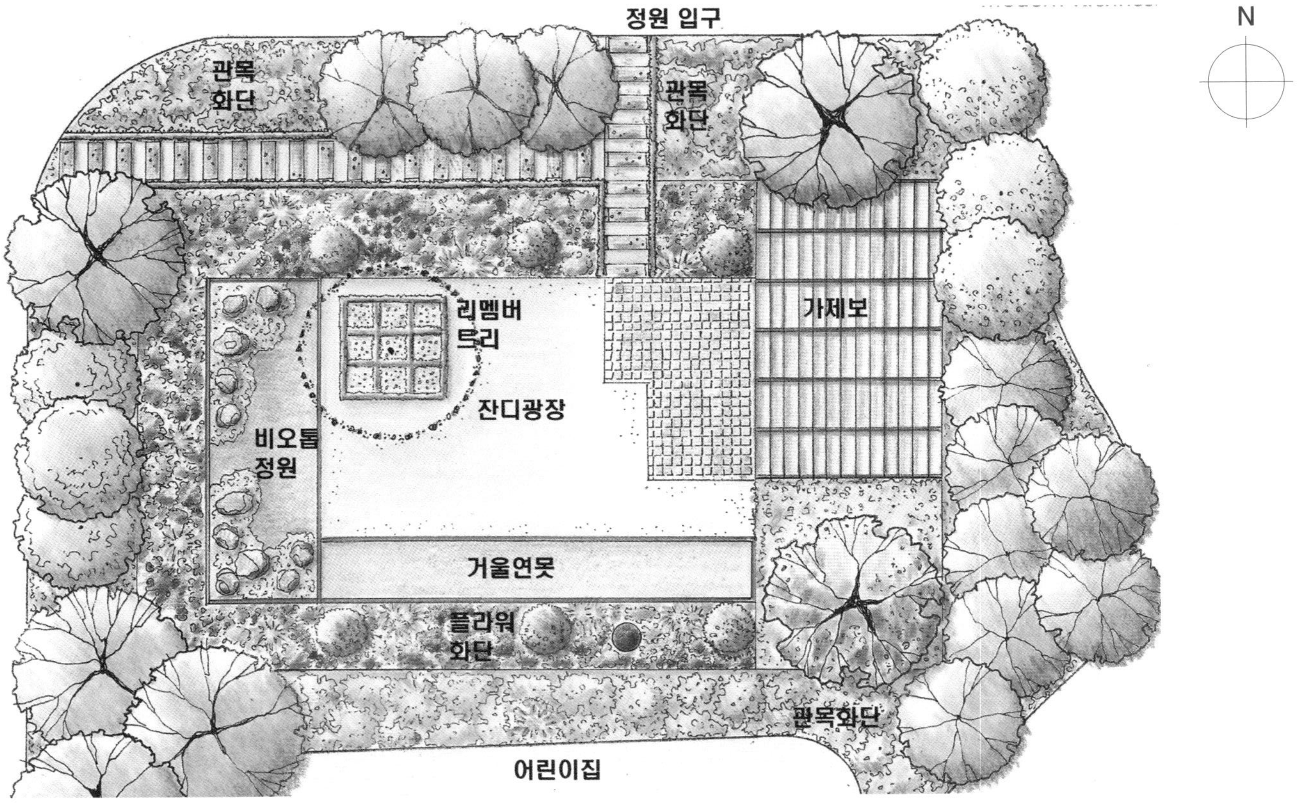

1:300

프로젝트명	예시프로젝트01	의뢰인	홍길동
현장주소	서울특별시 예시동 예시로 1길 1		

2. 입면도- 화단의 실루엣 스케치하기

입면도는 공간의 정면에서 보았을 때의 외관을 그린 것을 말한다. 음영을 넣어 입체감을 표현하면 공간감을 효과적으로 보여줄 수 있다.
식재 디자인에서 입면도는 디자인 의도를 전달하는데 매우 중요한 도구다. 다양한 식물의 형태가 겹쳐지는 모양을 볼 수 있기 때문이다. 능숙한 디자이너는 입면도를 생략하여도 멋진 평면도 설계를 작성할 수도 있으나, 초보자들은 본격적인 디자인 구상 전에 화단 전체의 실루엣을 러프하게 그려보기를 추천한다. 구체적으로 식물을 조합하고 배치하는데 매우 도움이 되기 때문이다.
입면도는 식재 디자인을 할 때 처음으로 아이디어를 시각화하는 단계이므로 여러 생각들을 메모해둔다. 완성된 공간을 상상하며 어렴풋한 형태를 잡고 그 안에 구체적인 식물을 배치하여 디자인을 완성한다. 먼저 식물의 형태와 질감을 고려한 개략적인 스케치를 한다. 이 단계에서는 각 화단의 전체적인 구도, 형태, 질감의 느낌을 상상할 수 있을 정도의 그림이면 된다.
예를 들어, 겨울 정원을 위한 상록수는 어디에 배치할 것인지, 포인트 식물은 어디에 둘 것인지, 형태와 질감 테마는 무엇이고 어떤 테마를 취할 것인지 등을 표현한다. 그 외에도 참고자료- 책이든 카탈로그든-를 찾아 사용할만한 식물들의 목록을 만든다.

입면도

프로젝트명	예시프로젝트01	의뢰인	홍길동

3. 입면도- 화단 상세 스케치하기

이제 대략적인 형상으로 잡아둔 입면도를 계절별로 보다 자세하게 그린다. 연중 강조하고 싶은 시기를 몇 가지 정하여 계절별로 어떤 화단을 연출하고 싶은지를 그린다. 일반적으로는 봄 정원은 5월을, 여름 정원은 7월, 가을 정원은 10월, 겨울 정원은 12월을 기준으로 잡는다. 그 중에서도 한 계절을 고르자면, 우리나라의 경우 모든 종류의 식물이 가장 왕성하게 자라는 6-7월의 여름 정원을 추천한다.

디자이너가 의도한 정원, 즉 성숙한 화단을 상상하며 입면도를 그린다. 그렇다면 성숙한 화단이란 무엇인가? 일반적으로 초화 위주의 화단은 식재하고 2년 후의 모습을 성숙한 화단이라고 할 수 있고, 관목이나 교목은 식재하고 3년 후의 모습을 기준으로 삼는다.

입면도

프로젝트명	예시프로젝트01	의뢰인	홍길동

4. 평면도- 화단의 식재 계획도 그리기

입면도로 입체적인 화단 구성과 큼직한 요소 배치를 계절별로 결정하였다면 이제는 실제 시공을 위한 평면도를 그리기 시작한다.

평면도에는 임의로 그리는 선이나 도형이 없어야 한다. 지도와 요소의 배율을 계산하는 습관을 들이자. 입면도의 식재 배치와 일치하도록 해당 구역에 범위를 표시한다. 스케일자로 크기를 재어 정확한 면적을 정한다.

전체적인 구도와 디테일을 지속적으로 확인하며 도면을 작성한다. 요소가 많아질 수록 복잡해지기 때문에 반드시 식물의 이름을 적어두자.

식물 배치가 만족스럽다면 그 위에 깨끗한 트레이싱지를 올려 최종 식재 디자인 평면도를 그린다. 깔끔하게 선을 딴다. 구역마다 해당되는 식물의 크기대로 원을 그린다. 주의할 점은, 이때 표시되는 원의 개수대로 실제 시공에 식물을 심을 것이기 때문에 반드시 배율에 맞게 원을 그려야 한다는 것이다. 원의 크기는 그 식물이 성숙했을 때의 평균 크기이므로 도면 위 위치가 바로 식물 간의 간격이 된다.

아래는 기준이 되는 식물의 평균적인 한 포기 당 크기다. 참고하되, 심고자 하는 식물의 실사이즈는 확인하고 도면화 해야 한다. 그 외에도 식물 사전이나 식재 판매 회사에 문의하면 정확한 정보를 얻을 수 있다. 예를 들어, 작은 초화의 실제 사이즈를 지름 20cm를 기준으로 삼는다면 1:100 배율의 도면에서는 지름 2mm의 원이 되겠다.

식물들의 평균적인 한 포기 당 실사이즈					
실사이즈 (mm)	200	300	400	700	1000
1:100 (mm)	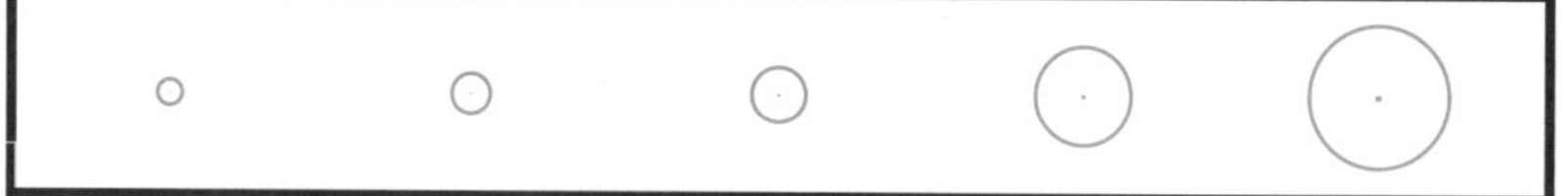				
	2	3	4	7	10

작은 초화: 지름 20cm

중간 크기 초화: 지름 30-40cm

큰 초화와 작은 관목: 40-70cm

중간 크기 관목: 70-100cm

큰 관목이나 교목은 원하는 크기에 따라 간격을 두고 배치

평면도

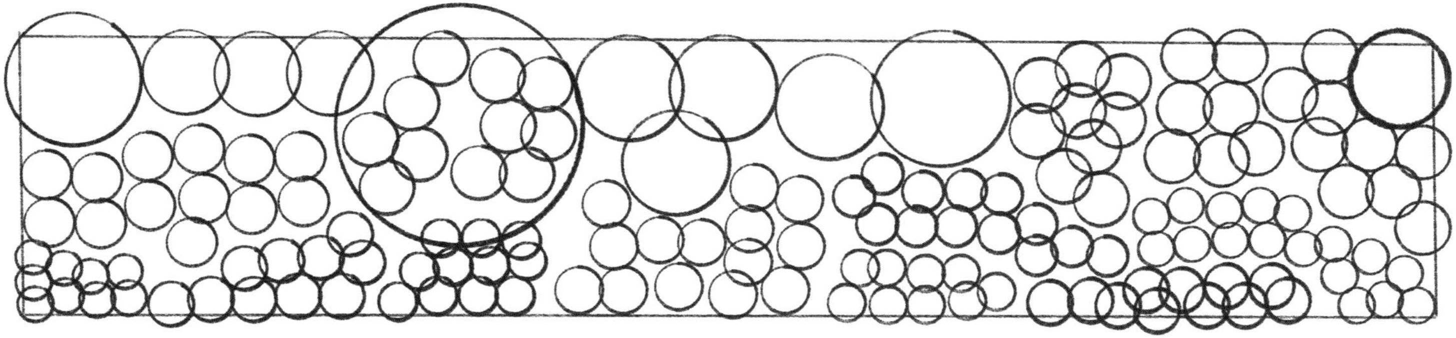

프로젝트명	예시프로젝트01	의뢰인	홍길동

5. 심볼- 중심점, 비율, 묘사

도면에 사용되는 공통 기호, 즉 심볼을 살펴보자. 평면도는 어디까지나 정해진 기호들을 조합하여 그린다. 예를 들어, 나무는 중심점을 찍어 위치를 표시하고 원의 크기로 나무가 뻗어진 범위를 나타낸다. 그 위에 식물의 특징이나 특이 사항이 있다면 표시한다. 도면의 심볼은 의사소통이 될 정도의 디테일이 가미되면 된다. 과하게 사실적이거나 묘사를 할 필요는 없다는 것이다.

중심점

모든 식물의 심볼에는 반드시 중심점이 표시되어야 한다. 도면 위의 중심점이 없는 동그라미는 식물이 아니라 기타 시설물이나 그 외 요소라고 읽기 때문이다. 중심점은 간단히 점으로 찍는다. 물론, 예외가 필요할 때는 변형하여 그린다. 예를 들어, 기존 수목과 새로 심을 수목을 구분해야 하는 경우를 생각해보자. 기존 식물은 보통 중심점을 Dominant의 약자, ‘d’로 표시한다. 제거할 수목은 ‘-‘로, 새롭게 추가할 수목은 ‘+’로 중심점을 그린다.

비율

원의 크기는 식물의 크기와 비례한다. 도면 위 동그라미는 그 식물이 성숙했을 때의 크기를 기준으로 한다. 그리고자 하는 배율에 맞게 심볼의 크기를 맞추면 된다. 식물의 이름, 크기, 수량은 가능하면 동그라미 안에 적어 놓는다. 공간이 부족하다면 유도선을 그린 뒤 누구나 알아볼 수 있도록 깔끔하게 적는다. 도면 위 모든 텍스트는 한 방향으로 통일하여 가독성을 높인다.

도면 상 같은 크기의 원이더라도 도면 스케일에 따라 다른 실사이즈 수목을 나타낸다.

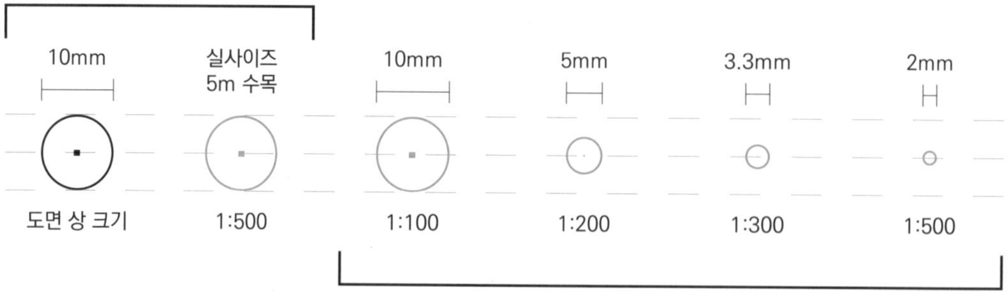

같은 실사이즈의 수목이더라도 도면 스케일에 따라 도면 상에서 다른 원 크기로 표현된다.

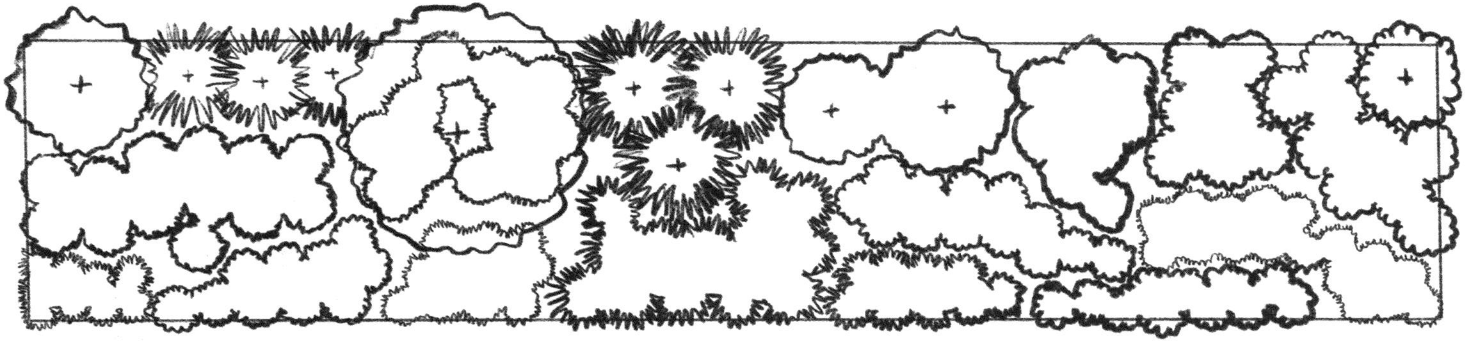

프로젝트명	예시프로젝트01	의뢰인	홍길동

묘사

원의 크기를 정한 뒤에는 식물의 특징에 맞춰 변형한다. 이때 가지나 묘사의 방향은 중심점에서부터 시작하여 뻗어나간다. 디테일과 질감, 기준선은 식물의 아웃라인에 사용한 선보다 가는 선으로 그린다.
침엽수인지 활엽수인지 잎을 조금 그려 넣는다거나 질감의 차이를 주는 식이다. 잎이 큰 식물인지, 잎이 곱고 작은 식물인지, 그라스류인지, 야자수인지 알 수 있도록 최소한의 묘사를 한다. 포인트가 되는 나무가 가지가 아름답다면 선을 활용한 묘사를 적극적으로 해보도록 한다.

크기가 매우 큰 나무는 굵은 선으로 표시한다. 모아심기를 한 부분은 여러 개의 동그라미를 마치 구름처럼 뭉글뭉글하게 연결하여 그리기도 한다. 동일한 수종을 모아 식재한 범위를 알 수 있도록 선으로 연결한다. 그리고 포인트 나무의 배경이 되는 지피용 식물을 그릴 때는 포인트 나무를 가리지 않도록 간결하게 마무리한다.

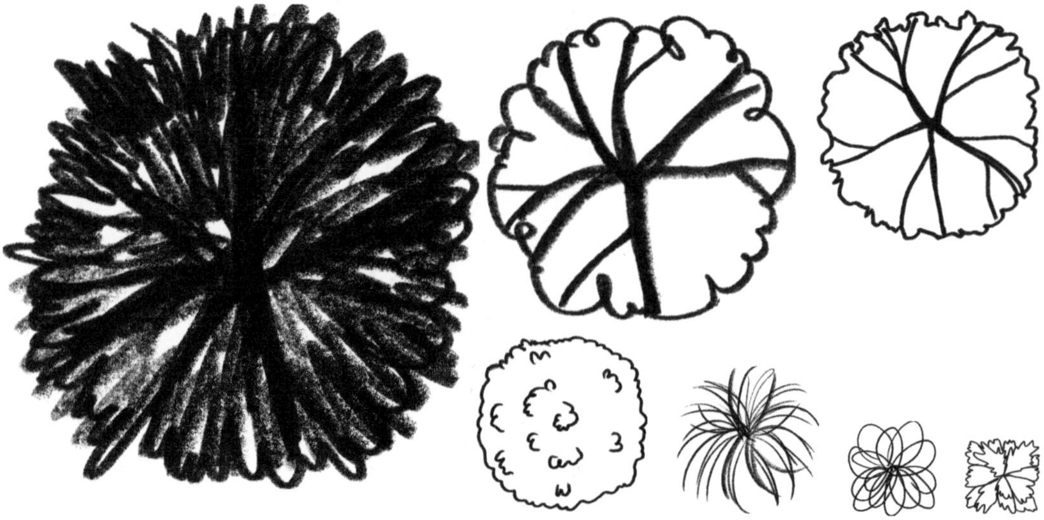

프로젝트명	예시프로젝트01	의뢰인	홍길동

6. 도면과 텍스트

식재 디자인의 도면에는 깔끔한 심볼뿐만이 아니라 단정한 글씨도 필요하다. 요즘은 컴퓨터 그래픽으로 도면과 3D 입체까지 구현하여 도면 내 손 글씨쓰기는 종종 간과하게 된다. 그러나 어디까지나 정원 디자인의 기본은 종이와 연필로 하는 핸드 드로잉이다. 도면을 꼼꼼하게 그렸다면 그 위에 정보를 기입한다.

도면 상 모든 텍스트의 목적은 전달성이다. 모든 글씨는 한 눈에 볼 수 있도록 용지 위 한 방향으로 쓴다. 유도선을 연하게 그어 일정한 크기로 글씨를 쓰는 것도 하나의 유용한 팁이다. 기준선은 도면 내용을 방해하지 않는 선이라면 지우지 않아도 무방하다.

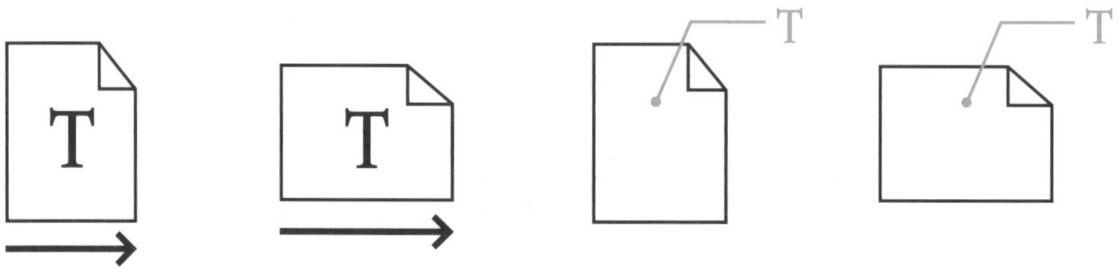

또한 누구나 읽을 수 있도록 가급적이면 정자체로 쓴다. 조금 낯설겠지만 평소의 글씨쓰기 습관보다 의식적으로 또박또박 쓰도록 한다. 영문은 모두 대문자 혹은 소문자로 통일하여 인쇄체로 쓴다. 대소문자를 혼용하지 않는 것이 중요하다.

띄어쓰기에 따라 의미가 달라지는 용어가 달라질 수도 있으니 최대한 표준 맞춤법과 띄어쓰기를 준수한다. 식재 디자인 도면에 텍스트가 들어갈만한 공간이 부족하다면 일정한 규칙으로 넘버링을 하고, 별도로 해당 리스트를 만든다.

넘버링

1 에메랄드그린
2 참억새 '제브리누스'
3 아킬레아 '골드플레이트'
4 가는잎그늘사초 '엘리자블루'
5 에키네시아 (화이트)
6 홍단풍나무
7 리아트리스 (보라)
8 아스타 '킹조지'
9 핑크 팜파스그라스
10 핑크뮬리
11 에메랄드그린
12 에키네시아 (화이트)
13 오시멘시스 사초
14 아킬레아 '골드플레이트'
15 리아트리스 (보라)
16 에린지움
17 램스이어
18 러시안세이지
19 말채

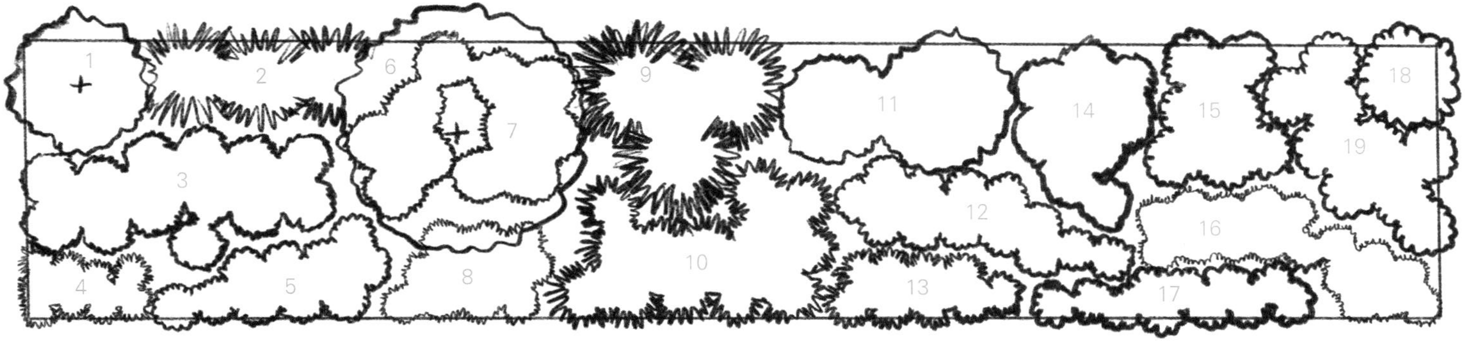

프로젝트명	예시프로젝트01	의뢰인	홍길동

7. 식물의 식재 수량 산출하기

기후나 토양에 따라서 예상한 크기에서 크고 작을 수도 있긴 하나, 앞에서도 설명하였듯 초화는 식재 후 2년, 관목이나 교목은 식재 후 3년 뒤의 모습을 일반적으로 성숙한 상태라고 부른다. 만약 이보다 빠른 시일 내에 풍성한 정원을 즐기고자 한다면 식물 간 간격을 좁혀 밀도를 올린다. 예를 들어, 단발성 축제를 위한 공공화단 등은 성숙한 화단을 즐기기 위해 2-3년을 기다리기 힘들다. 따라서 초화 간의 간격을 좁게 밀도를 매우 높여 시공 직후 풍부한 화단을 즐길 수 있도록 디자인한다.

식물의 식재 수량을 산출하는 기준은 관목과 초화는 단위 면적 당 일정 규격의 식물의 개수가 된다. 식물의 개당 규격은 그 식물이 자랄 수 있는 최대 폭을 말하고 여기에 따라 자연스럽게 식재 간격이 정해진다. 각 식물마다 키와 폭을 계산하여 다르게 적용해야 한다. 흔히 하는 실수 중 하나는 땅에 모종이나 묘목의 크기만을 생각하고 식물 간의 간격을 너무 촘촘하게 심는 것이다. 도면에 계산될 식물의 크기는 앞에서도 최대로 성숙한 상태의 폭이며 이에 대한 정보는 식물 사전이나 식물 판매사에 문의하면 얻을 수 있다.

초화의 식재 수량 산출

하지만 현실적으로 한 정원에 사용되는 백여 가지 정도의 식물을 모두 수치를 조사하여 계산하는 것은 거의 불가능하다. 또한 식재 계획에서 식물의 위치에 따라 화단 맨 앞은 키 30cm 이하의 식물들, 그 뒤에 순서대로 50cm 이하, 70cm 이하, 90cm 이하, 120cm 이하로 분류하는 경향이 있고, 대부분의 식물이 키에 비례하여 식재 간격이 넓어진다는 점을 고려한다면 대부분의 경우 통상적인 수치로 바꿔 계산할 수 있다는 것을 알 수 있다. 식물 사전이나 종묘회사 카탈로그 등 자료에서 분류마다 필요한 단위 면적당, 즉 1㎡ 당 식물 수량을 미리 계산해두면 매우 용이할 것이다. 식재목록표를 작성할 때 식재 수량도 기입해두고 식재 공사 시에는 이를 기준으로 작업을 진행한다.

식물 모종은 다양한 사이즈가 시중에 나와 있지만 식재 수량 산출에는 어느 한 사이즈의 포트 크기를 기준으로 삼아 판매품을 환산하여 구매한다. 예를 들어, 오랜 시공 경험으로 볼 때, 4인치 포트를 기준으로 수량을 잡았는데, 시중에는 5인치 포트 모종만이 있다고 해보자. 그렇다면 최대한 비슷하도록 계산한다. 6인치 포트 모종은 4인치 포트 모종 3개로 환산할 수 있다. 만약 4인치 포트 30개의 노루오줌 모종이 필요하다면, 6인치 포트로는 10개만 구입하면 되겠다.

관목의 식재 수량 산출

관목의 경우 초화보다도 키와 폭이 다양하게 거래되므로 적절한 수량 계산이 초보에게는 매우 어려울 수 있다. 이 경우에도 구매 가능한 사이즈의 관목을 단위 면적당, 즉 1㎡ 당 기준 수량을 미리 산출해두면 작업이 수월해진다. 두세 개의 가지를 가진 불두화, 목수국, 낙상홍과 같은 관목은 키 1.0m 기준으로 1㎡ 당 10-13개 정도면 무난하다.

관목은 뿌리가 노출된 상태로 판매하는 것과 포트에 심겨진 것이 있다. 포트에 심겨진 것은 조금 더 비싼 편이지만 노출형보다 폭이 더 크게 자란 것이 많아서 단위 면적 당 수량이 적어진다는 장점이 있다. 또한 식재 시 활착도 좋고 공사 후 금방 화단이 풍성하게 보인다. 뿌리가 노출된 관목은 저렴한 대신 활착이 힘들 수도 있기 때문에 이른 봄에 식재하는 것을 권한다.

교목의 식재 수량 산출

교목의 수량은 계획한 교목의 크기가 적절한지부터 점검하고 계산한다. 교목을 너무 많이 심게 되면 정원이 그늘져서 하부 식재된 초화와 관목이 정상적으로 자랄 수 없을 수도 있기 때문이다.

교목은 크기에 따라 판매 가격이 상당히 차이나므로 나무의 크기를 식재 후 3년을 기준으로 상정하고, 경제적인 측면이나 시간적 측면을 고려하여 선택하도록 한다.

시중에서 판매하는 식물의 규격을 숙지하여 식재 수량을 산출한다.

판매되는 관목의 포장 형태를 숙지한다.

식재도면대로 식재 식물과 수량을 체크하여 모두 배치한 후 꼼꼼히 식재한다.

8. 화단의 식재목록표 만들기

평면도에서 식재 배치 및 면적 당 수량을 확인하였다면 주문할 식재목록표를 작성한다. 식재목록표는 식재가 어느 한 계절에 치우치지는 않았는지, 색상 계획은 제대로 되었는지, 상록수의 비율이 적당한지 등 식재 수량과 식재 계획 전반에 대한 내용을 포함하고 있기 때문에 필수적으로 작성해야 한다.

식재도면에 표시된 식물을 정리한다. 식재목록표에는 식재의 위치, 식물명, 키, 넓이, 생육 습성, 화기花期, 식재할 때 필요한 식물의 규격과 수량, 비고란 등의 항목들이 포함된다. 식재 작업을 할 때 식재 디자인 도면과 식재목록표를 번갈아 보며 확인하면 편리하다.

[식재의 위치] 항목에는 식재도면에 표시해둔 번호를 나열하고 [식물명]란에 그 번호에 해당되는 식물의 이름을 적는다. 이때 가능한 학명과 일반적인 명칭 두 가지 병행표기를 권한다. 묘목이나 초화 시장에서는 학명이 아닌 다른 이름으로 불리는 경우가 많기 때문이다. 따라서 최대한 정확한 명칭을 기재하고, 구입한 뒤에도 식물명을 반드시 확인하며, 비고란에는 일반적인 명칭을 적어 현장 작업자들이 다른 식재와 혼동하지 않도록 한다.

식물의 키, 넓이, 생육 습성, 화기花期 등은 식물 사전을 참고한다. 개화기는 3-12월 사이의 구간으로 나눠 꽃의 색이나 잎의 색으로 색칠한다. 상록 식물은 연중 초록색으로 칠하고, 잎이 중요한 식물의 경우 개화기는 꽃의 색으로, 그 외 기간은 잎의 색으로 칸을 칠해준다. 예를 들어, 꽃보다 잎이 아름다워 이를 활용하려 심는 옥잠화는 꽃이 피는 8월은 흰색으로, 그 외 5-10월은 초록색으로 칠한다. 이렇게하면 화단의 모습을 더 잘 나타낼 수 있다. 수크령과 같은 그라스류에도 같은 방법을 적용한다.

[비고란]에는 대체식물이나 보충식재가 필요한 시기, 기타 특별한 주의 사항 등을 적는다.

식재목록표

식재 위치	식물명	학명	개화시기 및 색상												식재공사시	식재공사시	비고
			3	4	5	6	7	8	9	10	11	12	1	2	식물 규격	식재 수량	
1	에메랄드그린	T.occidentalis Emerald Green													H2.5xw1.0	1	
2	참억새 '제브리누스'	Miscanthus sinesis 'Zebrinus'													8"pot	3	
3	아킬레아 '골드플레이트'	Achillea millefolium L													6"pot	12	
4	가는잎그늘사초 '엘리자블루'	Festuca glauca 'Elijah Blue'													4"pot	10	
5	에키네시아 (화이트)	Echinacea purpurea													4"pot	10	
6	홍단풍나무	Acer palamatum													H4.0xw4.0	1	
7	리아트리스 (보라)	Liatris spicata (L.) Willd													6"pot	12	
8	아스타 '킹조지'	Aster amellus 'King George'													4"pot	15	
9	핑크 팜파스그라스	Cortaderia wellona 'Rosea'													10"pot	3	
10	핑크뮬리	Muhlenvergia capillaris													4"pot	15	
11	에메랄드그린	T.occidentalis Emerald Green													H2.5w1.0	1	
		T.occidentalis Emerald Green													H1.5xw1.0	1	
12	에키네시아 (화이트)	Echinacea purpurea													4"pot	15	
13	오시멘시스 사초	Carex oshimensis 'Evergold'													4"pot	10	
14	아킬레아 '골드플레이트'	Achillea millefolium L													6"pot	10	
15	리아트리스 (보라)	Liatris spicata (L.) Willd													6"pot	10	
16	에린지움	Eryngium bourgatii													6"pot	10	에키놉스로 대체가능
17	램스이어	Stachs byzantina K.Koch													4"pot	10	
18	러시안세이지	Perovskia 'Blue Spire'													6"pot	10	
19	말채	Cornus alba 'Sibirica'													H1.0	10	

프로젝트명	예시프로젝트01	의뢰인	홍길동

제 13장

제 13장 현장에서의 정원 공사

1. 정원 공사 전 비용 산출

정원 공사 비용 중 식재 공사에 드는 비용은 크게 설계비, 자재비, 인건비, 기타 부대 비용 등으로 나누어 산출한다.
식물 구입비는 식물의 종류, 수량, 운송비 등 제반 비용을 말한다. 자재비는 식물 식재에 필요한 거름이나 비료 등 제반 자재를 마련하는 비용이다. 인건비는 식재 공사 현장에서 일하는 직접 인건비와, 제반 준비에 들어가는 간접 인건비를 포함한다. 기타 비용에는 식비, 장비 사용료, 각종 비품 비용, 제세무 비용이 포함된다.
이 책을 읽는 독자가 정원디자이너라면 정확한 비용 산출을 할 줄 알아야 하며, 무엇보다도 의뢰인에게 명확하고 투명하게 전달하여 신뢰관계를 형성할 수 있어야 한다. 어디서 변수가 생길지 모르는 시공 현장에서는 당초 계약에서 예상치 못한 추가 작업이나 비용이 적잖이 발생하기도 한다. 이를 대비하여 비용 정산 시에 분쟁이 발생하지 않도록 최대한 추가 작업 비용에 대해 분명한 자료를 마련해 의뢰인의 확인과 승낙을 받아야 한다.

2. 본격적인 정원 공사

정원 디자인을 마무리하였다면 드디어 상상을 현실로 만들어야 한다. 그러나 꽃을 심기까지 여러 제반 작업이 필요하며 하나라도 소홀히 하면 큰 사고나 손실로 이어질 수도 있기 때문에 차근차근 해결해나가자. 먼저, 디자인한대로 사물이 위치할 공간과 장소를 정한다. 완성된 정원에서는 보이지 않는, 그러나 매우 중요한 전기배선과 급수 등을 위한 기초 공사를 준비한다.
복잡한 시공 과정을 총괄하기 위해서 작업 시간표를 만들어둔다. 작업의 순서는 해야 할 작업의 내용을 나열한 다음 여러 상황이나 조건을 고려하여 논리적인 순서로 정정한다. 이 단계에서 실수가 생기면 비용과 시간을 이중으로 들이는 불상사가 생기기 때문에 세심하게 계획하도록 하자.
아래에 제시된 표는 일반적인 경우의 작업 시간표일 뿐, 주어진 환경과 여건에 맞춰 자신만의 작업 시간표를 짜도록 한다.

정원 공사 스케줄

1단계/ 부지 땅 고르기 및 축대 작업

2단계/ 부지에 도면 옮겨 그리기

3단계/ 상·하수도, 전기배관 공사

4단계/ 펜스, 담장 공사

5단계/ 교목 식재

6단계/ 계단 및 화단

7단계/ 수공간 및 가든 시설물 설치 공사

8단계/ 조명 공사

9단계/ 대형 가구 등 장식품 및 구조물 설치

10단계/ 바닥 포장

11단계/ 화단의 거름 넣기

12단계/ 관목 및 초화 식재

13단계/ 정원 가구 배치

1단계/ 부지 땅 고르기 및 축대 작업

제일 먼저 정원 부지의 잡초를 제거하고 쓰레기 등 잡동사니를 말끔히 청소한다. 필요한 경우에는 축대 쌓기 등 필요한 토목 공사를 한다. 파티오나 테라스, 수공간 등의 높이가 다르다면 부지 높이에 맞게 땅을 고르고 돋운다. 경사가 있어서 부지를 높이거나 낮출 때는 반드시 전문가에게 맡기도록 한다.

부지 고르기 작업이 완료되었다면 화단에 흙을 채우는 것도 잊지 말고 작업한다. 이때 부지 전체의 자연 배수를 위한 경사를 확인한다. 우리나라는 여름에 집중호우가 잦기 때문에 배수는 아주 중요하다. 경사가 심할 경우 흙이 소실되어 화단이 점점 척박해지기 때문에 지형을 고려하여 디자인을 변형, 적용한다.

우리나라의 정원이나 화단을 보다 보면 종종 배수 문제로 화단 가운데를 불룩하게 튀어나오도록 마운드를 만들어 둔 것을 확인할 수 있다. 하지만 이러한 모양은 다양한 디자인의 정원을 만들 수 없기 때문에 추천하고 싶지 않다. 가급적이면 디자인을 해치지 않는 방법을 찾도록 한다. 마운드 대신 경사가 급하지 않도록 완만하게 만들어 배수관을 묻거나 물길을 만들어준다.

부지 고르기가 끝나면 바닥을 파고 필요한 전기선과 급수와 배수를 위한 배관 작업을 한다. 자동 관수 장치나 수공간 설치를 위하여 필요한 위치에 미리 설치해두는 것이다. 혹시라도 이 단계에서 수공간 기반 작업을 잊었거나 디자인을 추가한다면 모든 공사를 처음부터 다시 해야 하는 번거로움과 비용이 만만찮게 발생하므로, 놓치는 것이 없도록 꼼꼼하게 확인한다.

부지 정리 후 도면대로 바닥에 그린다.

2단계/ 부지에 도면 옮겨 그리기

기초 공사가 끝났다면 이제 부지에 구체적으로 디자인을 옮겨 그린다. 도면을 실제 사이즈로 확대하여 땅에 옮긴다. 이때 도면과 현장 사이에 큰 오차가 생기면 정원 시공의 단계별로 문제가 발생하기 때문에 섬세하게 작업한다.
측량 기준점을 정한다. 측량 기준점은 건물이나 고정된 시설물의 직선이 되는 곳이 된다. 기준점으로부터 디자인 도면대로 크기를 측량하여 표시한다. 부지 측량 시에 했던 삼각측량법과 오프셋 측량법이 부지에 도면을 옮길 때도 유용하게 적용된다. 화단이나 나무 심는 장소, 연못 위치, 정자 위치는 평면도에 적힌 대로 부지에 표시한다. 자연스러운 곡선 모양의 화단은 오프셋 측량법을 활용한다. 측량점마다 펙peg을 꽂아 두고 그 점을 연결하여 화단 모양을 잡는다.

부지가 큰 경우 일정 간격마다 표시할 수 있는 그리드를 바닥에 표시한 뒤 도면을 그린다.

3단계/ 상·하수도, 전기배관 공사

정원 배수, 급수 공사는 기초 공사에서 가장 중요한 파트 중 하나이다. 특히 여름철 집중호우가 잦고 겨울에는 한파가 찾아오는 우리나라에서는 땅을 고르면서 철저하게 배수관과 급수관을 해결해야 한다. 상·하수도, 전기배관 공사는 반드시 각 분야의 전문가에게 맡겨 안전하고 철저하게 진행한다.

마사토를 섞어 흙을 개량하거나 땅의 경사를 만들어 배수관을 설치한다. 다만, 심미적으로 경관을 해치지 않으면서도 물이 일정한 방향으로 흘러갈 수 있을 정도의 경사를 주도록 유의하자. 배수를 쉽게 해결한다고 둔덕을 과하게 높이면 오히려 비에 흙이 떠내려가 유실된다. 가능한 완만하고 부드럽게, 기초 공사를 다지자.

배수는 크게 두 가지 방법이 있다. 표면에서 도랑을 만들어 물길을 유도하는 방법과 땅 속에 유도관을 묻어 물을 빼는 방법이다. 땅 속을 깊이 파서 자갈이나 모래, 마사토를 덮고 표면에는 양토를 덮어서 일차적으로는 표면의 물을 땅 속으로 스며들게 한다. 그 다음 배수관으로 물을 모아 뺀다. 흙이 유실되는 것을 막으려고 잔디를 화단에 까는 경우가 종종 있는데, 잔디는 화단의 다른 식물들이 성장하는 것을 방해하므로 가급적이면 화단 안에는 잔디를 심지 않는 것이 좋다. 그보다는 표면을 덮는 멀칭재를 이용하면 잡초도 막아주며 배수도 수월해진다. 배수관의 위치를 그린 설계 도면은 반드시 별도로 작성하여 보관한다.

배수가 있으면 급수가 있어야 온전한 정원이 된다. 정원의 급수는 점적 관수법이나 자동 관수 시스템을 설치하는 방법이 있다. 어느 방법이든 정원 기초 공사를 하면서 미리 급수관을 적절한 위치에 설치해두어야 한다. 식재 공사가 진행되기 전에 자동 관수 시스템도 설치한다. 겨울 추위에 동파되는 일이 없도록 명심하고 땅 속 깊이 묻는다. 급배수관 공사를 진행한 전문가에게 의뢰하여 자동 관수 시스템이나 배수관을 설치할 배선도를 받아 보관한다.

전기 공사 역시 매우 까다롭고 무엇보다도 위험하기 때문에 반드시 전문가에게 맡기도록 한다. 정원의 분수나 조명, 그 외 설치물 등을 위해서 미리 전기가 필요한 공간과 배선을 계산하여 기초 공사에서 해결해야 한다. 이 단계에서 준비를 하지 못한 경우, 정원을 파헤치고 처음부터 모든 공사를 다시 하는 불상사가 발생할 수 있으므로 유의하자. 전기 배선 공사를 하는 전문가로부터 꼭 전기 배선도를 받아두어야 추후 문제가 발생하더라도 정원 훼손을 최소화하면서 최소한의 리소스로 해결할 수가 있다.

4단계/ 펜스, 담장 공사

부지의 높낮이 작업이 끝나면 정원의 펜스 작업을 한다. 만약 장비나 자재 반입이 필요하다면 통로를 남겨두고 작업한다. 나머지 작업이 마무리되면 펜스 설치도 함께 마무리한다. 펜스 설치를 식재 작업이 끝난 후 하게 되면 식재된 식물이 상할 수 있기 때문에 마무리하는 시점을 잘 고려하여 선택한다.

담장과 축대 공사는 정원 구조에 관한 작업이라 제일 우선적으로 작업한다.

5단계/ 교목 식재

교목은 옮기거나 심는데 장비가 필요하기 때문에 다른 작은 식재들을 작업하기 전 미리 정확한 위치에 식재한다. 몇 번을 강조해도 부족하지 않다. 교목은 반드시 대형 장비 접근과 사용 가능한 여건이 될 때 식재해야 한다. 간혹 시설물 시공에 집중하다가 교목 식재 시기를 놓치는 경우를 본다. 장비 사용이 힘들어지면 작업하는데 상당히 곤욕을 치러야 하기 때문에 주의하자. 교목 식재 후에는 충분한 관수를 해주고 비바람에 흔들리지 않도록 지주목을 설치해준다.

식재 공사 중 교목은 장비가 필요한 작업이므로 미리 도면에 표시한 장소를 정확히 표시한 후 식재한다.

6단계/ 계단 및 화단

계단이나 높이가 있는 화단을 만들 경우 계단 구성 작업을 한다. 회양목 생울타리로 화단 경계를 만들 경우 회양목을 표시된 라인에 맞춰 식재한다.

필요한 장비가 드나드는 작업이 마무리되었다면 계단 등 필요한 작업을 한다.

7단계/ 수공간 및 가든 시설물 설치 공사

디자인에 따라 벽천이나 연못 등 수공간과 파이어 피트, 게이트 공사, 아치, 퍼골라 공사 등 시설물 설치가 필요한 경우가 있다. 수공간은 공간이 크든 작든 정원에 생기를 불어넣고 사람들의 시선을 끄는 역할을 한다. 좋은 수공간 디자인이란 전체적인 정원 디자인과 자연스럽게 어울리며 무엇보다 정원의 규모를 고려한 적절히 크기여야 한다.

특히 사계절이 뚜렷한 우리나라는 고온 다습한 여름과 길고 추운 겨울로 인해 수공간 관리에 꾸준한 노력이 들어가야 한다. 너무 크고 깊은 수공간은 관리 및 유지 보수 비용이 상당하기 때문에 지속 가능한 선에서 수공간을 만들도록 하자. 평화롭게 졸졸거리는 조그마한 벽천이나 분수를 두면 뜨거운 여름을 식혀주기도 하고 시끄러운 일상으로부터 멀어져 평화로운 기분을 즐길 수 있도록 해줄 것이다. 그러나 작은 공간에 너무 시끄러운 물소리가 나면 오히려 정원에서의 휴식을 방해하는 불청객이 되기도 한다. 따라서 정원의 규모를 고려한 크기로 수공간을 조절할 필요가 있다.

수공간을 디자인할 때는 주변에서 흔히 볼 수 있는 스타일에 얽매이지 않고 자유롭게 상상부터 시작하는 것이 좋다. 아름다운 물소리가 나는 자연스러운 계류, 생태적 다양성을 위한 연못, 호수처럼 잔잔한 거울과 같은 느낌의 연못, 벽천, 수반형의 수공간 등 다양한 주제나 디자인 스타일을 연출할 수 있다. 예를 들어, 모던 가든에는 작은 거울 연못을 두어 여백의 미가 돋보이는 명상 공간을 연출하는 것도 좋다. 수공간이 그 자체만으로 하나의 장식 조형물이 되는 것이다.

수공간의 작업은 방수 등 필수요건을 잘 체크한다.

8단계/ 조명 공사

미리 작업해둔 전기 배선에 선을 연결하여 설계된 위치까지 조명을 끌어온다. 이 작업은 누전이나 감전사고 예방을 위해 반드시 전기 기술자에게 의뢰하도록 한다.

정원의 조명에는 두 가지 기능이 있다. 하나는 보안 및 산책로를 비춰주는 안전 기능이고, 다른 하나는 정원의 분위기 연출이다. 상방형 조명은 포인트 나무 아래에 설치하여 나무를 돋보이도록 만들고, 멋진 정원 조각상을 핀포인트로 비추기도 한다. 바닥이나 수중 바닥에 조명을 설치하면 색다른 밤의 정원을 즐길 수 있다.

정원의 특별한 구조를 돋보이게 하기 위해 조명으로 극적인 실루엣을 연출하기도 한다. 근래에는 낮은전력 소모와 다양한 색을 가진 LED조명으로 실험적인 공간 디자인이 많아졌다. 특히 정원에서의 조명 활용도는 더욱 높아질 것으로 생각된다. 조명 설치 시에 염두에 두어야 할 점은 바로 절제다. 지나치게 조밀하거나 시야를 해칠 정도로 밝아지지 않도록 주의한다. 또한 여러 가지 색깔의 조명을 섞어 놓으려는 유혹을 조심해야 한다. 원색의 조명이 혼잡하게 섞여 있다 보면 자칫 품격 없는 공간이 되어버리기도 하기 때문이다.

전기, 수도 배관 공사도 미리 작업한 후 어느 정도 부지가 정리되면 조명을 설치한다.

조명 설치 작업은 기초 작업을 탄탄하게 하여 구조물이 넘어지거나 기울어지지 않도록 한다.

9단계/ 대형 가구 등 장식품 및 구조물 설치

조명 공사까지 완료되었다면 다음으로는 조각품이나 해시계, 오벨리스크 등 고정이 필요한 장식품을 설치한다. 아름다운 조각상이나 장식품을 가장 어울리는 곳에 배치하여 정원에서 시선을 사로잡거나 유도한다. 이 단계는 정원 만들기 중에서 가장 기다려지는 흥미로운 작업이기도 하다. 드디어 정원의 특색이 드러나기 시작하며 복잡하고 긴 공사가 후반부로 달려가고 있다는 신호이기도 하기 때문이다.

정원에 장식품을 배치할 때는 디자인에서 의도한 전체 구성을 해치지 않는 범위 내에서 그 크기와 개수를 결정한다. 전통적인 예술품 배치 방법은 시선의 정점이 되는 곳과 정원의 길이 나누어지는 지점에 두는 것이다. 그 외에도 장식물을 둘 장소로 전망을 극대화할 수 있는 지점이나 일년 내내 정원의 풍경을 흥미롭게 만들어줄 공간 등이 선택한다.

작은 정원에서는 정원의 중심이 되는 곳, 비대칭의 모던 가든에서는 공간의 평형감을 보충할 수 있는 지점에 장식물을 배치하면 금상첨화다. 대칭적인 포멀 가든의 경우 클래식한 로마식 조각물이 어울리며, 비정형 코티지 스타일 정원에서는 커다란 테라코타 화분이나 장식용 화분만으로도 충분히 훌륭한 효과를 볼 수 있다. 정원의 주제나 목적을 알려주는, 혹은 장소 특정적인 조형물이 있다면 그 또한 그 자체만으로도 훌륭한 공간 속 주인공이 될 것이다.

고정 벤치나 시설물을 설치한다.

이 단계에서 조각상 받침대를 미리 설치하고 정원을 마무리할 때 조각상을 올린다.

10단계/ 바닥 포장

굵직한 공간 배치가 끝났다면 파티오, 산책로와 같은 바닥 포장 작업을 한다. 정원의 바닥 포장재는 너무나도 다양하다. 여러 모양의 자연석, 콘크리트 바닥 포장재, 붉은 벽돌, 자갈, 침목 등의 선택지 중에서 자신의 디자인과 가장 어울릴만한 소재로 고른다. 이는 소위 말하는 상대적으로 비싸고 고급스러운 자재를 선택하라는 뜻이 아니다. 예를 들어, 따뜻하고 하늘하늘한 자연주의 스타일의 정원 바닥을 매끄럽고 검은 대리석으로 포장한다면, 그 딱딱하고 차가운 느낌은 이질적으로 다가온다. 편안한 정원을 원한다면 그에 맞는 자연석을, 모던하고 럭셔리한 정원이라면 고급스러운 대리석을 선택하는 식이다.

정원의 바닥 포장재를 고를 때는 정원의 컨셉과 스타일 다음으로 포장될 부분의 용도를 고려해야 한다. 출입이 불가하고 시각적으로 즐기기만 하는 공간인지, 보행이 허용될 길인지, 차량까지 통행할 것인지 등에 따라 바닥 포장재의 두께와 강도를 결정되기 때문이다. 예를 들어, 온실 연못 주변에 컬러 자갈로 장식한 바닥 공간은 장식적인 효과만을 위해 사용되기 때문에 내구성보다는 자갈의 형과 질감이 아름다운 것이 중요하다.

자연석은 우리나라에서 가장 선호하는 정원 포장재 중 하나이다. 다만 운반이 힘들고 가격이 비교적 높은 편이다. 그러나 질감이나 느낌이 부드럽고 색도 자연스럽고 무엇보다도 내구성이 뛰어나다는 점을 감안하면 장기적으로는 비용 대비 유지 관리 측면에서 좋은 선택지이기도 하다. 의외로 자연석은 자연주의 스타일 정원뿐만이 아니라 정 반대 성향인 모던 가든에도 잘 어울린다. 정형화된 모양으로 다듬을 수도 있어 필요에 따라 다른 분위기에 적용할 수 있다. 덧붙여 요즘은 수입 자연석도 많이 판매되고 있어서 이국적인 질감과 색도 폭 넓게 고를 수 있게 되었다. 우리나라에서는 문경, 고창, 포천, 고흥에서 많이 생산된다. 지역에 따라 돌의 색, 질감, 강도의 차이가 난다.

콘크리트로 만든 인조석 포장재는 색과 모양, 질감을 자유롭게 만들 수 있어서 가장 많이 사용하는 자재이다. 또한 자연석보다 가볍고 시공 비용이 저렴하며 성형 과정도 비교적 수월하다. 요즘은 가공 기술이 발달하여 강도나 질감이 자연석과 거의 구별되지 않을 정도로 완성도가 높아졌다. 시공 시에는 다양한 제품을 살펴보고 자신의 디자인에 가장 어울릴만한 제품으로 선택하면 된다.

산책로나 쉼터의 바닥 포장 공사는 잘 다진 후 흔들리지 않도록 설치한다.

11단계/ 화단의 거름 넣기

구조적인 공사가 모두 끝나면 토양에 거름을 넣고 돌을 걸러내는 등 식재 작업에 필요한 마지막 부지 고르기 작업을 한다.

12단계/ 관목 및 초화 식재

식재 공사는 복잡하고 섬세하게 진행하는 만큼 이 장의 다음 부분에서 자세히 다루겠다.

13단계/ 정원 가구 배치

벤치, 테이블 및 의자 등 정원 가구를 필요한 곳에 배치한다.

정원 가구는 모든 작업이 끝난 후 의도한 위치에 배치한다.

디딤돌 간격이 걷기에 불편하지 않도록 유의하며 조절한다.

교목과 관목을 식재한다.

교목과 관목 식재 후 초화 식재 작업을 진행한다.

잔디 작업은 시공의 가장 끝 단계에서 진행하여야 깔끔하게 마감할 수 있다.

작업 후 처음 맞은 봄 정원

가을에 식재한 구근이 피어난 5월 화단

장미가 한창인 6월 화단

한여름 화단이 풍성한 정원

3. 정원 공사의 하이라이트- 식재 공사

앞서 살펴본대로 정원 구조 공사와 시설물 공사가 끝났다면 정원 시공의 하이라이트이자 거의 마지막 단계인 식재 공사를 한다. 이처럼 식재 공사를 마지막에 하는 이유는 다른 작업에 의해 식물이 상하지 않도록 하기 위해서다. 장비가 필요한 교목 식재의 경우는 앞서 살펴본 것처럼 공사 초기 단계에 미리 진행한다.

이 단계에서는 먼저 소교목과 작은 상록수를 식재하고, 그 다음 관목을 심는다. 관목 식재가 완료되었다면 식재 도면대로 초화 위치를 세밀하게 표시한다. 스프레이 페인트나 페트병에 모래를 넣어 알아볼 수 있도록 깔끔하게 그린다. 그리고 난 후에는 식재할 식물을 정확한 수량에 맞춰 일정 간격으로 배치한다. 도면대로 모두 배치한 후 차근차근 심어나간다. 도면대로 꼼꼼히 심어야 하기 때문에 서두르지 않고 확인해나가며 작업한다. 식재 후에는 명심하고 관수를 충분히 해줘야 한다.

초화 식재가 전부 끝났다면 잔디를 심는다. 잔디와 초화를 함께 작업하지 않는 이유는 식재 공사가 한창인 곳에 잔디를 미리 심어버리면 그 위에 흙이 떨어지고 밟히면서 지저분해지기 때문이다. 잔디와 엉킨 흙은 청소도 어렵기 때문에 상당히 골치 아프다. 따라서 반드시 모든 초화 식재가 끝난 뒤 마무리로 잔디 식재를 진행하도록 한다.

식재 공사를 갓 끝낸 정원

식재 작업이 갓 마무리된 화단

한창 작업 중인 화단

가을에 완성한 화단이 이듬해 봄에 어떤 색으로 물들지 기대해본다.

4. 정원 공사가 끝난 후- 정원 관리 계획

헤르만 헤세는 그의 저서 『정원의 즐거움』이란 책에서 다음과 같이 고백한다.

> "꽃들은 여느 때처럼 즐거운 듯 아름답게 피어있습니다. 아직 나무에 잎이 돋아나지 않은 숲에는 파란 블루벨들이, 풀밭에서는 앵초와 제비꽃, 샤프란 꽃과 다른 여러 가지 꽃들이 피어나 우리와 우리의 근심을 비웃고 있습니다."

프로젝트를 완성한 후 의뢰인의 정원을 다시 방문할 때 마다 가장 많이 듣는 말은 잡초가 너무 많이 자라 관리가 힘들다는 하소연이다. 정원에 잡초가 무성하게 자라면 물론 관리가 번거롭겠지만 한편으로는 식물이 자라기에 아주 좋은 환경이라는 긍정적인 의미이기도 하다. 정원을 가진 이들의 가장 큰 특권은 정원일을 하는 즐거움이다. 노동을 하고 흙을 만지는 일을 기쁘게 받아들이자. 물론 살아있는 정원을 깔끔하게 관리하는 일이 쉽지는 않을 것이다. 다만 최대한 효율적으로 유지 보수할 수 있는 방법을 찾을 뿐이다.

먼저 정원 관리에 대한 연중 계획표를 작성한다. 관리 작업은 전지, 병충해 방제, 잡초 제거, 보식 작업 등 항목이 많다. 세로로는 1-12월을 나열하고, 가로로 뻗어나가며 식물 카테고리를 나열한다. 이제 남은 것은 항목별로 필요한 작업을 필요한 시기에 적절히 기입한다. 그 외에도 표 끝에 공란을 두어 미처 챙기지 못한 부분들을 수시로 메모한다.

연중 정원 관리 계획표

	교목	관목	초화	채소	잔디	구근	기타
1월	제설 작업		초화 파종(온실)				
2월	과실수 전정	삽목(온실)					
3월	월동 해제 전정 및 수목 시비	월동 해제 관목 전정	월동 해제 그라스 등의 묵은 잎 제거	채소 파종(온실) 거름 주기	밑거름		거름 주기&흙 뒤집기
4월	지주목 재설치		일년초 및 허브 파종 초화 식재	채소 파종	비료 주기 배토 작업 (잔디 뗏밥)	춘식 구근 식재	수시로 관수 (장마철 제외, 서리 내리기 전까지)
5월	병충해 방제 및 제초 작업 소나무 등 순따기	병충해 방제 및 제초 작업 덩굴장미 수시로 고정	초화, 화분&행잉바스켓 식재 지줏대 세우고 고정	채소 식재 및 파종	정기적으로 잔디 깎기(예초) (9월까지 2~3주에 1회)	추식 구근 채취 및 나누기	수시로 잡초 제거 및 제초
6월		철쭉 등 낙화 후 전정					장마 대비
7월	장마 대비 시비	산수국, 회양목 등 전정 장미 시든 꽃 수시로 전정	수시로 묵은 잎 제거 장마 후 초화 보식				수시로 초화 씨앗 모으기
8월	지주목 재설치	회양목 병충해 방지	화분&행잉바스켓 식재 지나치게 자란 초화 포기나누기	채소 식재 및 파종			무더위 집중 관수
9월	병충해 방제	병충해 방제	병충해 방제	채소 식재 및 파종	비료 주기		
10월	전정 및 수관 다듬기 수목 시비	회양목 및 장미 등 전정				춘식 구근 채취	수시로 낙엽 제거
11월	월동 준비 (짚싸기) 낙엽 치우기	월동 준비 (짚덮기)	월동 준비 초화 전지 및 포기 나누기			추식 구근 식재 (튤립, 수선화, 히아신스 등)	
12월	제설 작업		종자 주문				

*모니터링은 수시로 진행하며, 정원 상태에 따라 알맞은 관리 진행.

제 14장

제 14장 임춘화 디자이너의 테마별 식재 디자인 샘플

1. 화이트 식재 디자인

화단 폭 2.5m, 길이 15m 화이트 식재 디자인 샘플을 보자. 봄을 맞는 식물로 공조팝, 백철쭉, 흰붓꽃, 작약, 램스이어, 돌단풍, 초롱꽃, 애기말발도리, 디기탈리스를 심었다. 여름 화단으로는 개쉬땅, 불두화, 백당나무, 톱풀, 리아트리스, 에키네시아, 샤스타데이지, 유카, 플록스, 노루오줌, 흰무늬비비추를 식재하였다.

공조팝은 4월 말에서 5월에 걸쳐서 피어나는 꽃으로 긴 줄기에 흰 꽃이 공처럼 뭉쳐져 주렁주렁 달리는 관목이다. 전반적으로는 폭포처럼 쏟아지는 형상을 띤다. 백철쭉은 작은 관목이지만 이른 봄에 순수한 하얀색 꽃이 무성하게 핀다. 개쉬땅 나무는 비교적 성장 속도가 빨라 관리에 신경을 써줘야 하지만 넓은 정원이라면 시원한 분위기를 연출하는데 알맞다. 정원 둘레를 따라 식재하는 것을 추천한다. 불두화는 여름의 시작을 알리는 수국으로 둥근 꽃 모양이 단아하고 꽃이 질 때는 한 잎 한 잎 내리는 꽃비가 아름답다. 백당나무는 산수국과 꽃모양이 흡사하여 수국과 혼동하는 경우가 많다. 그러나 수국과 다르게 가을에 매력적인 빨간색 열매가 달린다.

입면도, 화이트 식재 샘플 화단, 2.5m*15m

애기말발도리는 키가 작지만 하얗고 탐스러운 꽃이 아름다워 화단 앞쪽에 식재하면 잘 어울린다. 무리로 피는 샤스타데이지는 화이트 가든 연출에 더없이 좋은 소재가 된다. 수직형 꽃대를 가진 리아트리스도 주인공 역할을 톡톡히 해낸다. 흰무늬비비추는 여름에는 연보라빛 꽃이 피고 흰색 무늬 잎이 어느 계절에도 화단의 앞부분을 풍성하게 채워준다.
가을에 피는 흰색 초화는 제한적이기 때문에 대신 그라스류를 활용하여 계절감을 즐긴다. 필자가 제시한 예시 디자인에서는 봄부터 가을, 겨울까지 부드러운 물결로 일렁이는 그라스류로는 큼직한 은색 갈대를 가진 팜파스그라스, 은빛 잎이 동그랗게 말려 있는 억새모닝라이트, 푸른빛이 은은하게 감도는 은사초, 줄무늬가 도드라지는 무늬염주그라스 등을 사용하였다.

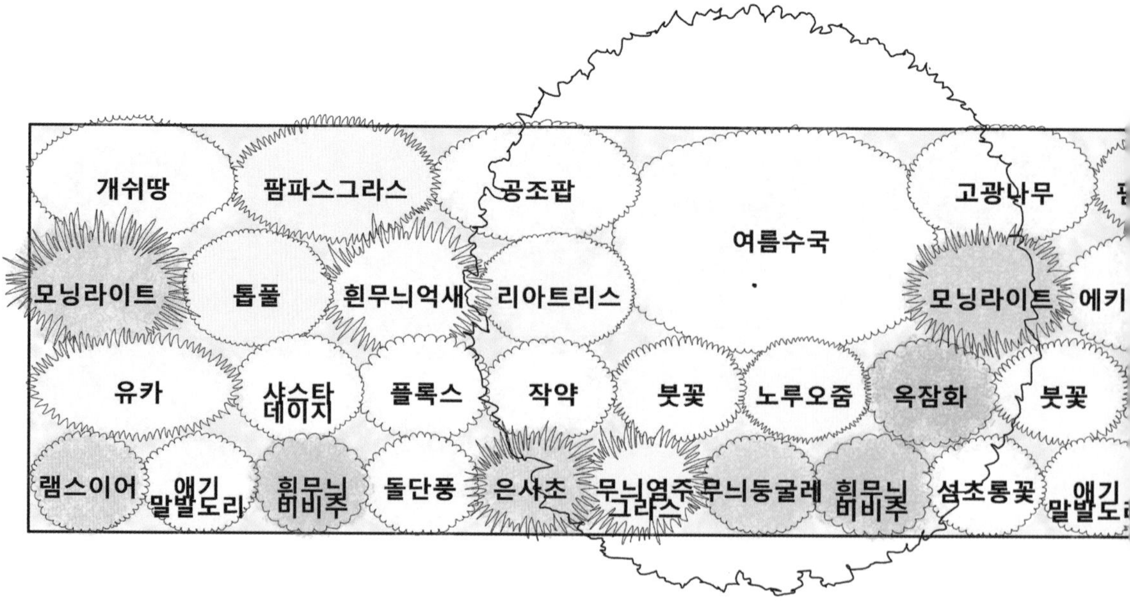
개쉬땅
팜파스그라스
공조팝
고광나무
여름수국
모닝라이트
톱풀
흰무늬억새
리아트리스
모닝라이트
유카
샤스타데이지
플록스
작약
붓꽃
노루오줌
옥잠화
붓꽃
램스이어
애기말발도리
흰무늬비비추
돌단풍
은사초
무늬염주그라스
무늬둥굴레
흰무늬비비추
섬초롱꽃

입면도, 화이트 식재 샘플 화단, 2.5m*15m

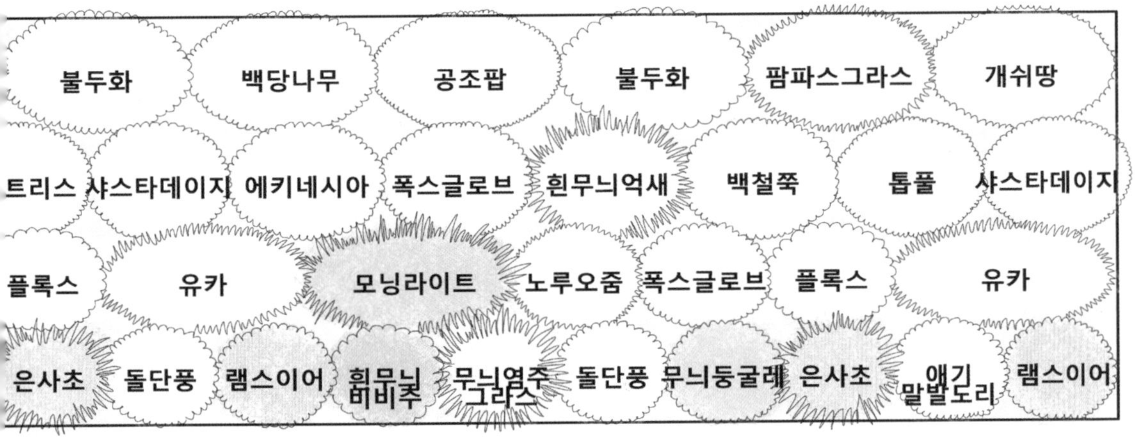

평면도, 화이트 식재 샘플 화단, 2.5m*15m

공조팝

꽃양귀비

램스이어

백작약

백철쭉

불두화

샤스타데이지

엔젤로니아

애기말발도리

화이트 에키네시아

옥잠화

유카

접시꽃

제라늄

초롱꽃

화이트 추명국

폭스글로브

풍접초

아미초

쪽동백나무

2. 차분하고 차가운 식재 디자인

화단 폭 2.5m, 길이 15m 차분하고 차가운 테마의 식재 디자인 샘플을 보자. 앞서 10장 컬러 테마에서 살펴보았듯 블루, 화이트, 빛바랜듯한 보라 계열의 색상은 공간을 넓어 보이게 만든다. 은색의 잎을 가진 식물이나 핑크 계열의 초화도 포인트로 조합하기에 좋다. 관목 중에서 산수국은 아주 아름다운 꽃의 형태와 고운 푸른빛 꽃이 피어 이 테마 화단에 활용하기를 추천한다. 라일락도 무난한 선택지 중 하나이다. 붓들레야도 파란 꽃이 아름다운 관목이지만 추위에 약한 편이어서 정원의 기후나 위치에 따라 식재하면 되겠다.

입면도, 차분하고 차가운 식재 샘플 화단, 2.5m*15m

백당나무, 불두화, 목수국 등도 이 테마에 훌륭하게 어울린다.

초화 중에서는 솔방울 모양의 꽃송이가 멋진 아티초크가 주인공 역할을 무난히 해낸다. 에키놉스, 뻐꾹채, 에린지움은 꽃 모양이 도드라지는 형태나 은색의 잎이 아름다워 차분한 색상의 정원에 더없이 잘 어울린다. 수직형으로 길게 보라색 꽃이 피는 델피늄도 아주 멋지다. 흰색의 디기탈리스와 연접하여 식재하면 수직 방향의 강렬한 형태와 색감을 연출할 수 있다. 그 외에도 부채붓꽃, 일본창포, 보라꽃창포, 독일붓꽃 등이 있다.

금강초롱꽃도 이른 봄을 빛내주는데 제격이다. 블루꼬리풀은 봄 화단에 작은 수직형 꽃대를 올려 화단을 파랗게 물들인다. 키작은용담은 독특한 푸른색 종 모양 꽃을 피우는데, 가을 화단 가장자리에 심어두면 톡톡히 존재감을 자랑한다. 아스타나 청화쑥부쟁이도 가을 화단 식재로 추천한다. 이 외에 억새그린라이트, 흰무늬억새, 수크령, 미니수크령, 은사초와 같은 그라스를 더해 화단에 변주를 준다. 은빛을 띠는 램스이어는 블루색을 더욱 도드라지게 만들고 특유의 부드러운 질감이 차분한 느낌을 더해준다.

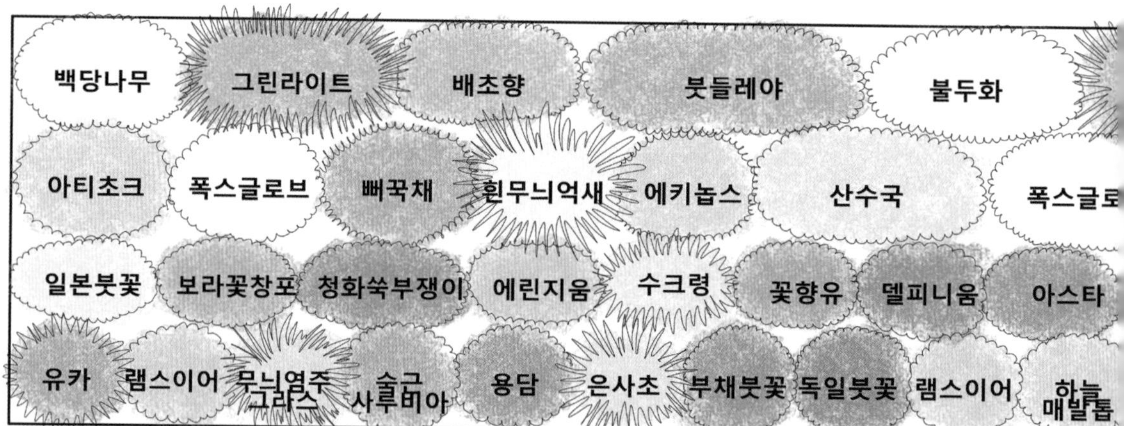

백당나무
그린라이트
배초향
붓들레야
불두화
아티초크
폭스글로브
뻐꾹채
흰무늬억새
에키놉스
산수국
폭스글로
일본붓꽃
보라꽃창포
청화쑥부쟁이
에린지움
수크령
꽃향유
델피니움
아스타
유카
램스이어
무늬염주 그라스
숲그 사루비아
용담
은사초
부채붓꽃
독일붓꽃
램스이어
하늘 매발톱

입면도, 차분하고 차가운 식재 샘플 화단, 2.5m*15m

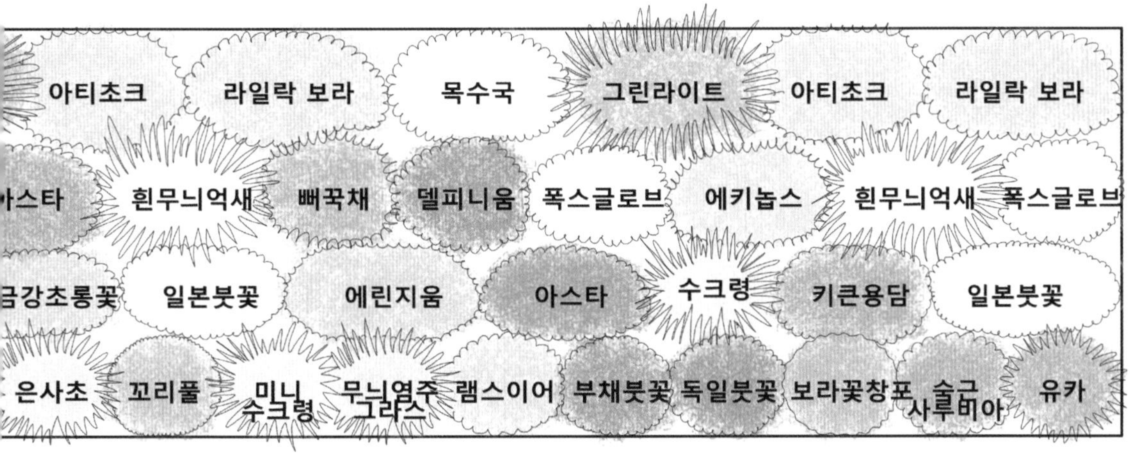

평면도, 차분하고 차가운 식재 샘플 화단, 2.5m*15m

3. 열정적이고 강렬한 식재 디자인

화단 폭 2.5m, 길이 15m 열정적이고 강렬한 테마의 식재 디자인 샘플을 보자. 평면도를 보면 화단 왼쪽에는 홍단풍을 심고, 이와 대비되도록 반대편에는 둥근 핑크 화이트 샐릭스를 심어 균형을 맞췄다. 이 화단 식재 계획에서는 팜파스그라스와 핑크뮬리, 수크령, 풍지초를 활용해 화단의 색감을 더하고 시각적 깊이감을 만들었다.

그라스의 질감은 공간적 깊이감을 더하고 다른 초화가 돋보일 수 있도록 배경이 되어주기 때문에 비교적 큰 무리로 화단에 골고루 배치한다. 이른 봄이면 노란색 새싹이 화사한 황

입면도, 열정적이고 강렬한 식재 샘플 화단, 2.5m*15m

금조팝, 풍지초, 기린초가 화단의 앞을 수줍게 채워준다. 연분홍 철쭉인 자산홍, 진한 붉은색의 명자꽃과 정갈하면서도 화려한 노랑 황매화가 화단 뒤쪽을 우아하게 물들인다.
다만 황매화는 전지를 단정하게 해주지 않으면 부피가 과하게 커져 화단의 균형을 깨트릴 수 있다. 모든 것이 왕성하게 자라는 여름철에는 금계국, 루드베키아, 범부채, 원추리, 노루오줌, 접시꽃으로 가득한 화단이 된다. 큰 잎과 강렬한 색의 꽃, 무늬가 아름다운 칸나, 다알리아, 오렌지색 니포피아는 늦여름 화단의 주인공이 된다.

햇살이 부드러워지는 가을이 되면 숙근해바라기 '골든피라밋', 향등골풀이 자태를 뽐내고 그 사이에 피어난 솜털 같은 핑크뮬리가 아득한 깊이감을 연출할 것이다. 꽃이 지고 늦가을이 오면 곱게 마른 꽃대는 새 생명을 품고 그라스와 어우러져 겨울 장식하게 된다.

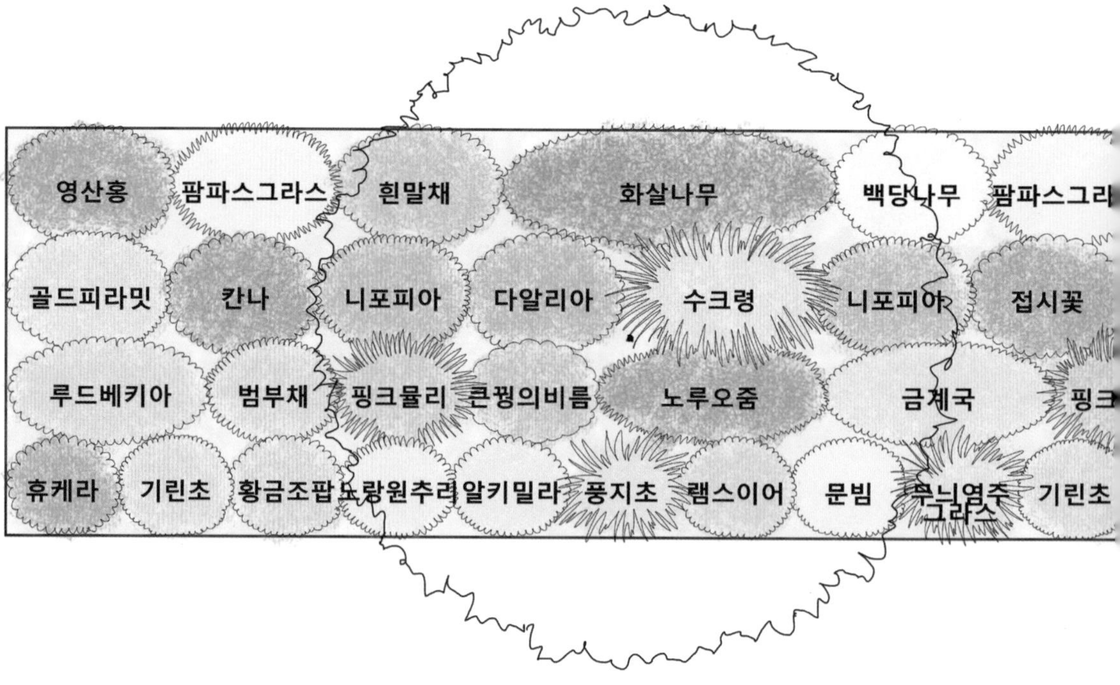
영산홍
팜파스그라스
흰말채
화살나무
백당나무
팜파스그라
골드피라밋
칸나
니포피아
다알리아
수크령
니포피아
접시꽃
루드베키아
범부채
핑크뮬리
큰꿩의비름
노루오줌
금계국
핑크
휴케라
기린초
황금조팝
노랑원추리
알키밀라
풍지초
램스이어
문빔
무늬억새
그라스
기린초

입면도, 열정적이고 강렬한 식재 샘플 화단, 2.5m*15m

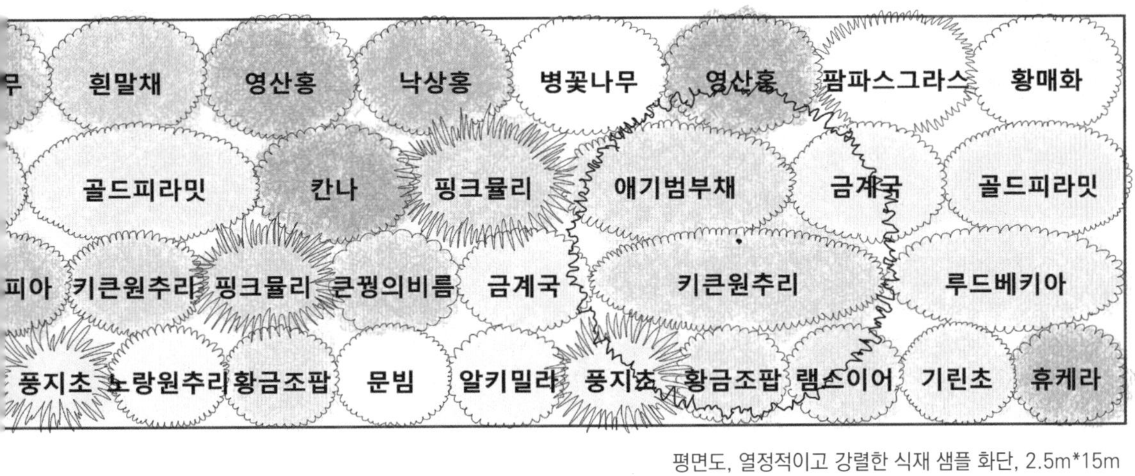

평면도, 열정적이고 강렬한 식재 샘플 화단, 2.5m*15m

국화

기린초

꽃양귀비

낙상홍

노랑달맞이꽃

노랑 에키네시아

살구색 에키네시아

니포피아

다알리아

독일붓꽃

레이디스맨틀

루드베키아

매발톱

멀레인

메리골드

명자나무

물레나물

물싸리

범부채

베고니아

노랑원추리

숙근해바라기 '골든피라밋'

아스틸배

영산홍

휴케라

천인국

칸나

큰꿩의비름

한련화

황금조팝

데이릴리

맨드라미

산수유

삼잎국화

자엽국수나무

장미

접시꽃

헬레니움

히어리

황매화

4. 화사하고 로맨틱한 식재 디자인

화단 폭 2.5m, 길이 15m 화사하고 로맨틱한 테마의 식재 디자인 샘플을 보자. 분홍, 파랑, 보라의 색 조합은 선택할 수 있는 식물의 종류가 다양해서 어렵지 않게 화단을 만들 수 있다. 여름에 꽃이 피는 많은 수의 초화들이 위 세 가지 색상 계열에 해당되기 때문에 여름 화단으로 로맨틱 화단을 추천한다. 낭만적이고 화사하며 부드럽고 포근하다. 파스텔톤의 식물을 가미하면 더욱 풍성한 화단이 된다. 가장 의뢰가 많은 인기 테마도 이 로맨틱 식재 디자인이다. 은색 잎의 식물과 흰색무늬 그라스류, 푸른빛이 도는 그라스류를 더한다.

또다시 폭 2.5m, 길이 15m짜리 로맨틱 식재 디자인 샘플을 살펴보도록 하자. 이 식재 계획에서는 장미꽃 모양으로 화려하게 피는 진분홍 겹벚꽃을 심고, 보조 나무로 붓들레아를 오른쪽에 심었다. 붓들레아는 향기가 좋아 벌과 나비가 많이 모여 정원을 생기 있게 만든다.

화단의 뒷편에는 질감을 위해 팜파스 그라스를 리듬감 있게 배치했다.

입면도, 화사하고 로맨틱한 식재 샘플 화단, 2.5m*15m

이른 봄 잎이 나기 전에 짙은 쌀알 같은 꽃이 피는 박태기 나무를 심고, 이 꽃들이 질 무렵 진한 향기의 라일락을 즐길 수 있도록 했다. 라일락이 지고 나면 미스킴 라일락이 작지만 강한 향기로 정원을 채워준다. 4월이면 이스라지가 연분홍 꽃을 피우고 새빨간 작은 열매를 맺는다. 장미 중에서도 향기가 으뜸인 해당화는 여름을 빛내줄 것이다. 병꽃나무는 꾸준하게 전지를 해주면 새순에서 연분홍꽃이 연이어 여름 내내 피어날 것이다. 겹벚꽃나무 아래에는 그늘을 좋아하는 푸른 꽃의 산수국을 심어둔다. 무더운 여름에 청량한 화단을 만들어준다. 이른 봄에는 타임, 꼬리풀, 붓꽃들이 새싹이 돋아나는 틈에서 금낭화, 하늘매발톱, 무늬염주 그라스가 자태를 뽐낸다.
초여름과 여름의 정원을 꽃으로 채울 주인공들로는 플록스, 노루오줌, 디기탈리스, 우단동자, 독일붓꽃, 부채붓꽃, 보라꽃창포, 에키네시아, 작약, 분홍달맞이꽃이 있다. 비비추는 아름다운 잎이 특징이고 다른 꽃들이 피고 지는 사이에도 그 자리를 지켜준다. 배초향, 추명국, 향등골풀, 구절초, 청화쑥부쟁이, 아스타, 에키놉스가 가을에도 화단 내의 화사함을 유지시켜준다.

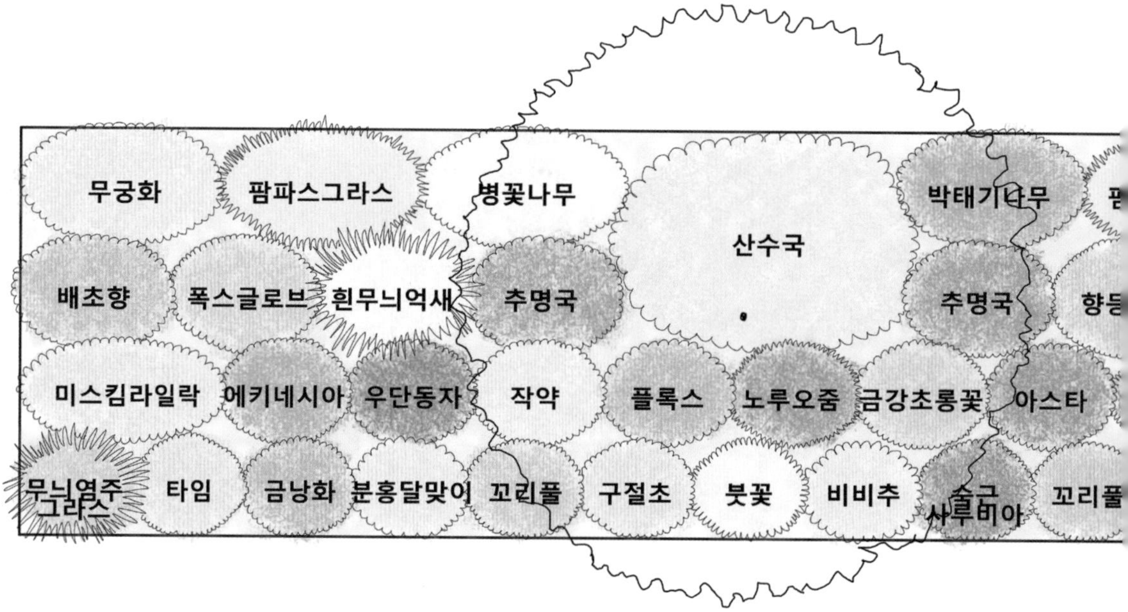

무궁화
팜파스그라스
병꽃나무
산수국
박태기나무
배초향
폭스글로브
흰무늬억새
추명국
추명국
미스킴라일락
에키네시아
우단동자
작약
플록스
노루오줌
금강초롱꽃
아스타
무늬염주
그라스
타임
금낭화
분홍달맞이
꼬리풀
구절초
붓꽃
비비추
숲그
사루비아
꼬리풀

입면도, 화사하고 로맨틱한 식재 샘플 화단, 2.5m*15m

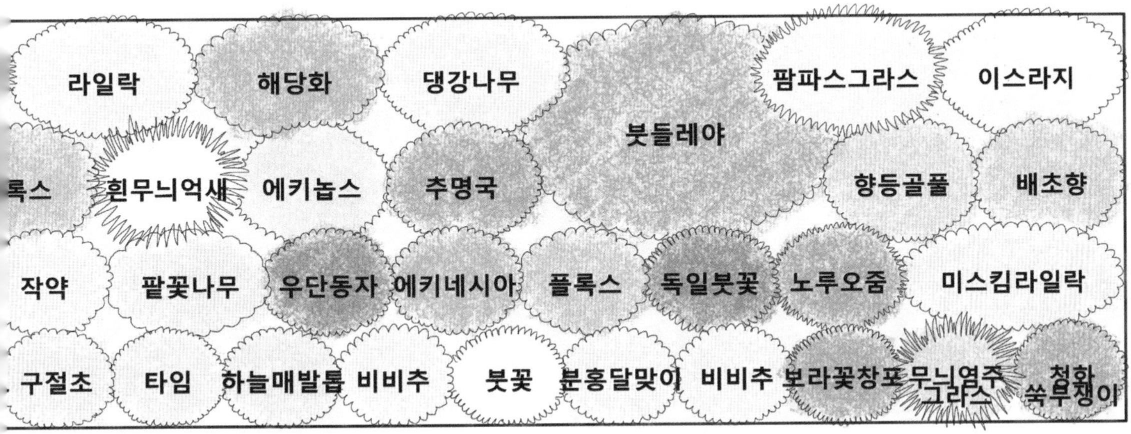

평면도, 화사하고 로맨틱한 식재 샘플 화단, 2.5m*15m

겹작약

금낭화

꽃댕강나무

꽃향유

독일붓꽃

구절초

꼬리풀

꽃범의꼬리

델피늄

말로우

멀레인

목단

미스킴라일락

배초향

베르가못

보라꽃창포

붓꽃

블루벨

뻐꾹채

산수국

수국

삼색조팝

숙근사루비아

아가판서스

아스타

엔젤로니아

핑크 에키네시아

영산홍

용담

우단동자

안동초

잉글리쉬라벤더

작약

청화쑥부쟁이

추명국

캄파눌라

큰꿩의비름

클레마티스

패랭이꽃

폭스글로브

풍접초

플록스

하늘매발톱

해당화

해솔

향달맞이

향등골풀

겹벚나무

겹분홍접시꽃

꼬리풀

꽃사과나무

끈끈이대나물

러시안세이지

루피너스

모과나무

꿀풀

등나무

로벨리아

리아트리스

보라종덩굴

5. 음지의 식재 디자인

정원에는 큰 교목이나 건물, 담장과 같은 구조물에 의해 불가피하게 그늘이 생긴다. 따라서 정원 디자이너는 양지 식재 디자인뿐만이 아니라 음지 식물을 적절히 조합할 줄 알아야 한다. 그늘에 잘 자라는 식물은 대부분 꽃이 화려하지 않더라도 잎의 질감과 형태가 독특하다. 개성 있는 형상이나 큰 잎은 대담하고 모던한 느낌을 준다. 유지 가능한 정원을 디자인하려면 다년초와 관목을 선택하는 것이 좋다.

봄부터 가을까지 지속적으로 아름다운 화단을 위해서 잎의 색, 질감, 꽃의 색을 고려하여 음지 식물들을 조합한다. 화이트, 실버, 초록빛이 도는 노랑Pale yellow이나 형광빛이 가미된 푸른 잎 식물들의 합이 좋다. 잎의 질감은 거친 것부터 고운 것까지 섞어서 심고, 밝은 색과 어두운 색의 대비도 적극적으로 주어 꽃이 적더라도 지루하지 않은 시각적 변주를 준다.

때죽나무는 흰 종 모양의 작은 꽃들이 조롱조롱 피는데, 그 아래 관목으로 산수국과 흰 말채를 심으면 겨울까지 단조롭지 않은 음지 화단이 된다. 흰색의 디기탈리스는 그늘에도 식생이 좋다. 수직형 꽃대가 시원시원한 느낌을 준다.

노루오줌과 흰색의 추명국도 좋다. 무늬비비추, 옥잠화는 그늘지고 습기 찬 화단에서 잘 자란다. 관중貫衆도 강렬한 질감이 매력적이다. 그늘에서 가장 식생이 좋은 수종 중 하나인 맥문동은 아련한 보랏빛 꽃을 피우고 선형의 질감이 흥미롭다. 그라스에서도 풍지초는 그늘 화단에 잘 자라서 음지 식물 화단의 앞쪽이나 가장자리에 심기 좋다.

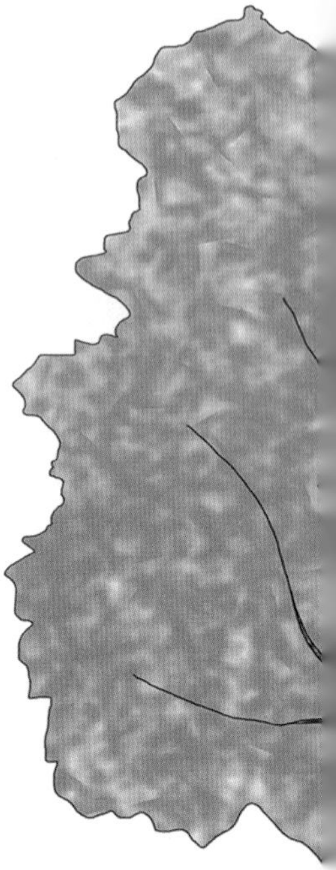

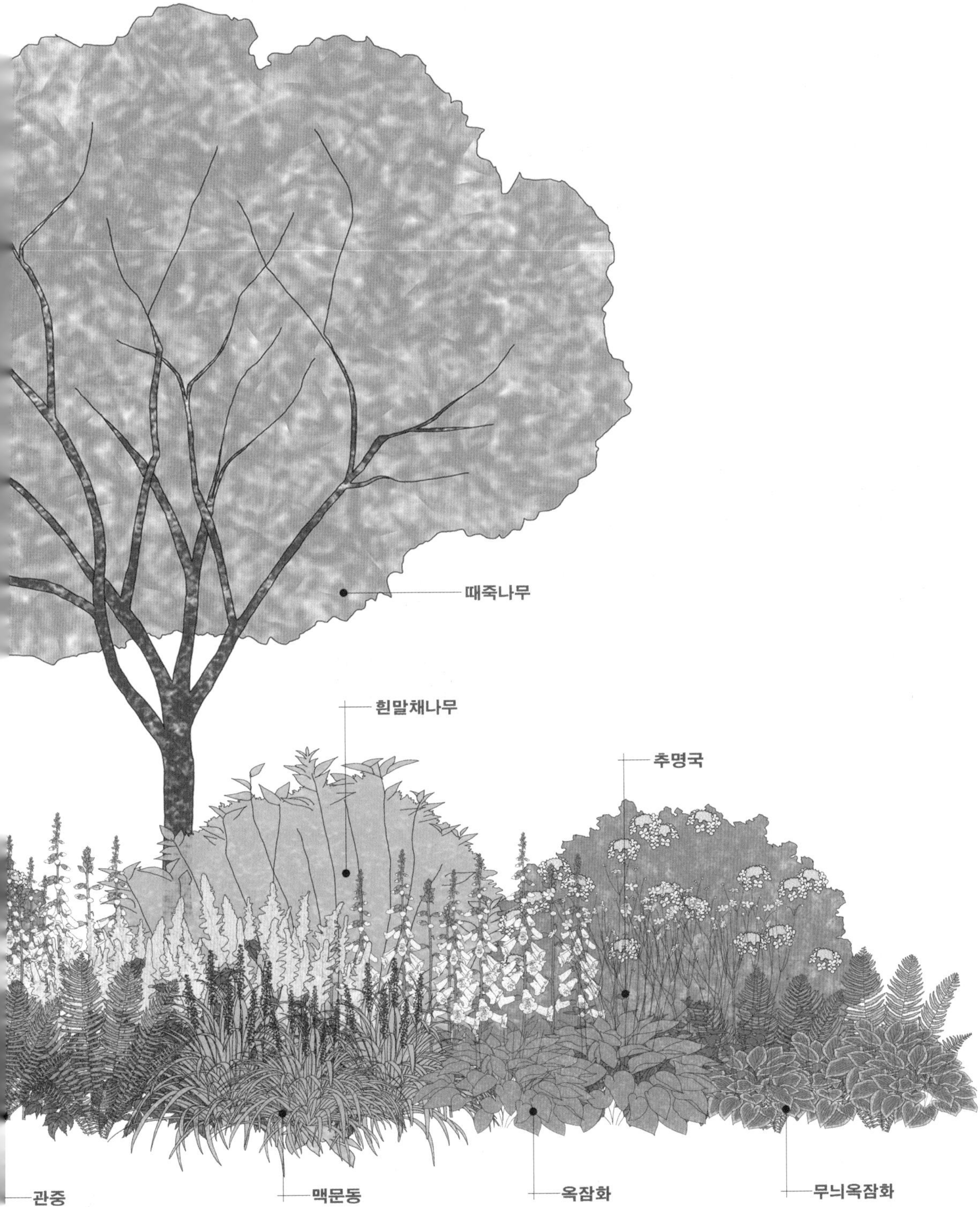
때죽나무
흰말채나무
추명국
관중
맥문동
옥잠화
무늬옥잠화

가지고비고사리

개고사리

관중

금낭화

노루오줌

동의나물

만병초

맥문동

무늬둥글레

블루벨

산수국

섬초롱꽃

수호초

아스틸베

아이비

아주가

앵초

천남성

추명국

크리스마스로즈

6. 잎이 아름다운 식재 디자인

질감이 아름다운 식물들을 조합한 화단 디자인은 대비와 강조가 핵심이다. 키가 크고 잎의 질감이 두드러지거나 꽃의 색과 형태가 강렬한 식물을 주요 식물로 둔다. 그 사이사이에 이와 대조되는 질감의 식물을 시각적 완충 요소로 배치한다. 예를 들어, 주어진 샘플 화단에서는 칸나가 주 식물이 되고 보조 식물은 흰무늬억새가 된다.

칸나는 키가 2m까지 자라며 잎의 색과 무늬가 강렬하다. 흰무늬억새는 어느 종류의 그라스보다 여름 화단의 초화들 사이에서 그 매력이 드러난다. 가을에 갈대가 피어나면 더 더욱 하늘거린다. 겨울 화단에서는 마른 억새의 모습이 비어버린 화단을 운치 있게 채워주기 때문에 앞 줄에 배치하였다. 유카나 붓꽃은 꽃이 없는 계절에도 상록잎이나 선형의 질감이 유지되어 인기가 많은 편이다. 유카 사이에는 흰색과 보라꽃창포를 식재하여 질감의 대비를 주었다.

화단의 제일 앞줄에는 잎이 아름다운 휴케라, 비비추, 풍지초, 무늬염주그라스를 식재하였다. 휴케라는 여러 종이 나오기 때문에 색과 질감이 다양하여 색상 테마에 맞게 선택하면 된다. 무늬염주그라스는 키가 작고 회색의 질감이 아름다워 화단 앞부분에 식재하면 그 매력이 더욱 잘 보인다. 특히 이른 봄 새싹이 날 때 매우 아름답다. 풍지초는 질감뿐만 아니라 키도 50cm 정도로 적당하며 둥글게 앞으로 화단 앞쪽으로 흘러나오는 형태가 활용하기에 좋다. 화단 가장자리에 심으면 부피감을 주고 자연스럽게 경계를 풀어주는 효과를 볼 수 있다. 비비추는 휴케라처럼 잎 모양이나 무늬가 다양하여 선택의 폭이 넓다. 그늘 식물이지만 적응력이 강해 비교적 어디에서든 잘 자라며 여름에는 가늘고 긴 꽃대 끝에 보라색 꽃이 하늘거린다.

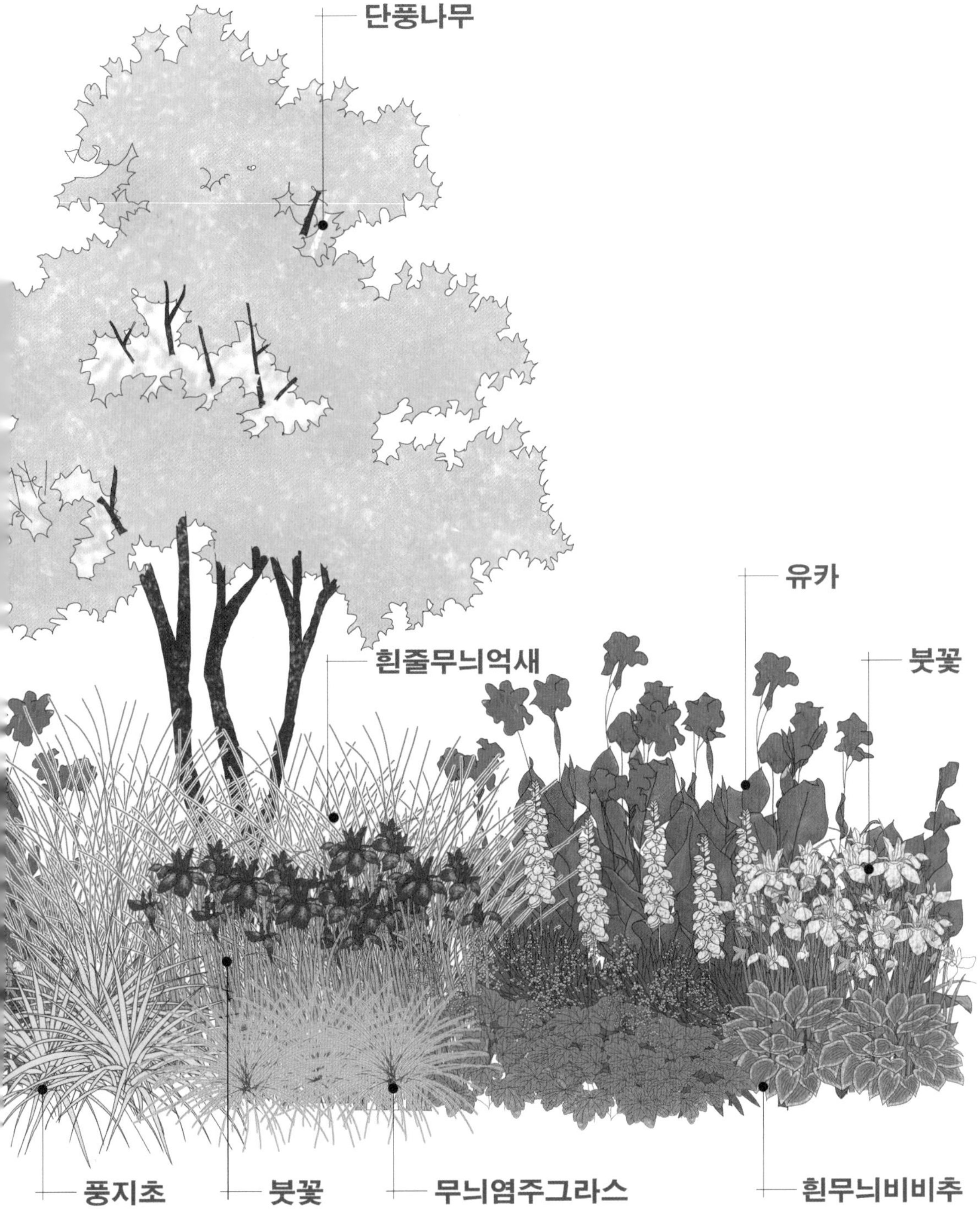

단풍나무
유카
흰줄무늬억새
붓꽃
풍지초
붓꽃
무늬염주그라스
흰무늬비비추

갈사초

골드밴드그라스

관중

그린라이트

노랑무늬사사

달개비

램스이어

무늬글리세리아

무늬억새

무늬플록스

무늬둥굴레

무늬새그라스

세이지

아이비

아티초크

엔젤스피싱로드

옥잠화

유카

칸나

키큰무늬갈대

제 15장

제 15장 임춘화 디자이너의 정원 디자인

1. 양평 소재 카페 정원 (2017)

기하학적인 패턴의 포멀 가든은 사계절 볼거리를 제공한다.

따사로운 햇살 아래 즐기는 분홍색 벤치에서의 휴식

화이트 가든의 산책로

분홍색 서부해당화가 피는 정원

노랑 벤치가 예쁜 정원

그라스와 측백 조합

민트색 아치와 장미

그라스가 사계절 풍성함을 준다.

소박한 산책로

2. 진주 LH 작가정원- 희망 (2021)

희망을 주제로 밝고 화사한 꽃으로 가득 채운 화단

아티스트가 연출한 밝은 미래를 상징하는 아트월

밝은 아트월과 꽃들로 채워진 정원

COMPOSE

보라색 용담

화사함으로 가득한 정원의 햇살이 눈부시다.

3. 임춘화 디자이너의 보물정원 (2021)

멋진 교목 아래 노랑 벤치에서 즐기는 정원의 행복

정원의 좌우에 대칭으로 배치한 벤치

계절마다 다른 색으로 채워질 정원

정원의 귀염둥이 테라코타 강아지가 정겹다.

정원의 잔디를 없애고 마사로 길을 포장하여 관리가 쉬워지고 깔끔한 디자인으로 마무리되었다.

정원에서 갖는 티타임에서 하루의 노고를 위로받는다.

이듬해 봄에 가득 필 튤립과 수선화가 숨겨진 가을 화단

Planting Design 정원의 식재 디자인 (개정판)

ISBN	979-11-962997-5-0 [13520]
개정판 발행일	2022년 01월 01일
이전판 ISBN	979-11-962997-2-9
이전판 발행일	2018년 05월 30일

지은이	임춘화
일러스트레이션	이혜건
펴낸이	(유)아이디얼가든
펴낸곳	도서출판 리원
신고정보	2018년 01월 11일 제 2018-000067호
주소	서울특별시 종로구 새문안로3길 23 1306호
팩스	02-725-1730
홈페이지	www.leewonbooks.co.kr
이메일	leewonbooks@gmail.com

정가	49,000원

*파본은 교환하여 드립니다.

*본 도서에는 한국출판인회의에서 배포한 KoPub돋움체/KoPub바탕체가 사용되었습니다.